연산 문장제 핵심 공략

사고력·서술형 완벽 대비

최고효과 기초탄탄 계산법

2학년 문장제편

·자연수의 덧셈과 뺄셈 3, 4

·곱셈구구

기탄출판

머리말

연산 문장제 문제는 '식 세우기'가 핵심입니다.
문제를 읽고 이해하여 식을 잘 세우면 문제는 다 해결된 것과 같습니다.

간단한 일 같지만 문장으로 된 연산 문제를 읽고 식을 세우는 것이 의외로 지금의 아이들에게 쉽지 않은 이유는,
요즘 아이들이 문자로 이루어진 책을 보는 것보다 이미지, 또는 tv나 스마트폰을 통한 영상을 보는 것을 훨씬 좋아하기 때문입니다. 이미지나 영상이 직관적으로 더 쉽게 이해되고, 깊이 사고하지 않아도 전달 능력이 뛰어나기 때문이지요.

영상 매체는 그 자체로 매력 있고, 전달력이 뛰어난 좋은 컨텐츠임이 분명하지만,
여전히 아이들의 의사 표현과 학습 방법 등은 언어나 문자가 대부분입니다.
언어나 문자는 듣고, 읽고, 스스로 이해해야 소통을 할 수 있습니다.

기탄교육이 정성들여 개발한 <최고효과계산법-문장제편>을 통해 아이들의 읽고, 이해하는 능력이 향상됨과 동시에 수학적 사고력이 성장하는 즐거움을 함께 누릴 수 있기를 바랍니다.

이 책의 **특징**과 **구성**

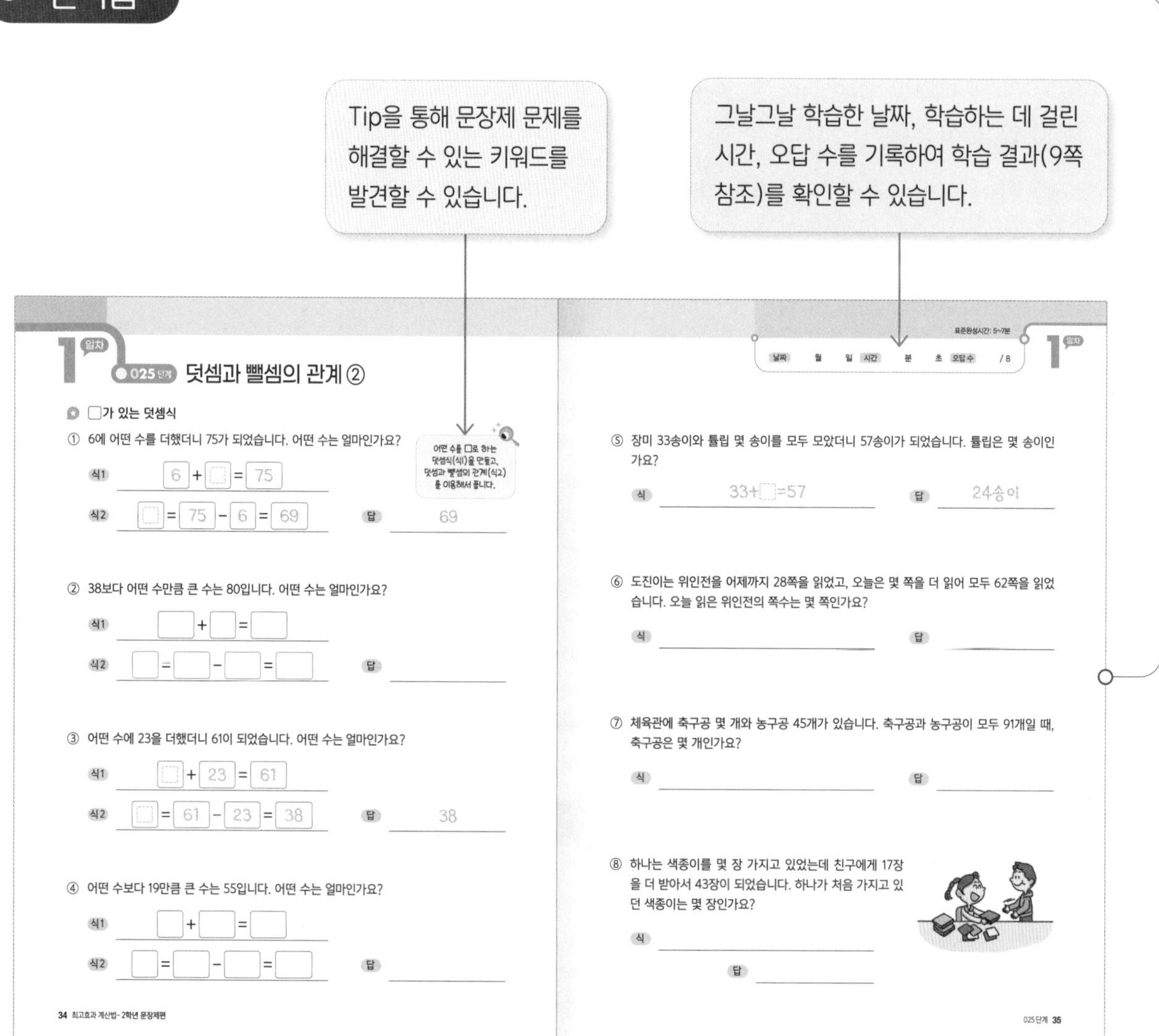

'최고효과계산법'에서 다루는 **연산 커리큘럼과 동일한 커리큘럼**으로 **문장제 문제들을 구성**하였습니다.

덧셈의 경우는 첨가(늘어나는 셈), 병합(두 수의 합), 상대비교(~보다 ~ 더 많은 수) 중심으로, 뺄셈의 경우는 제거(줄어드는 셈), 비교(두 수의 차), 상대비교(~보다 ~ 더 적은 수) 중심으로 문장 연습을 할 수 있게 구성하였습니다.

종료테스트

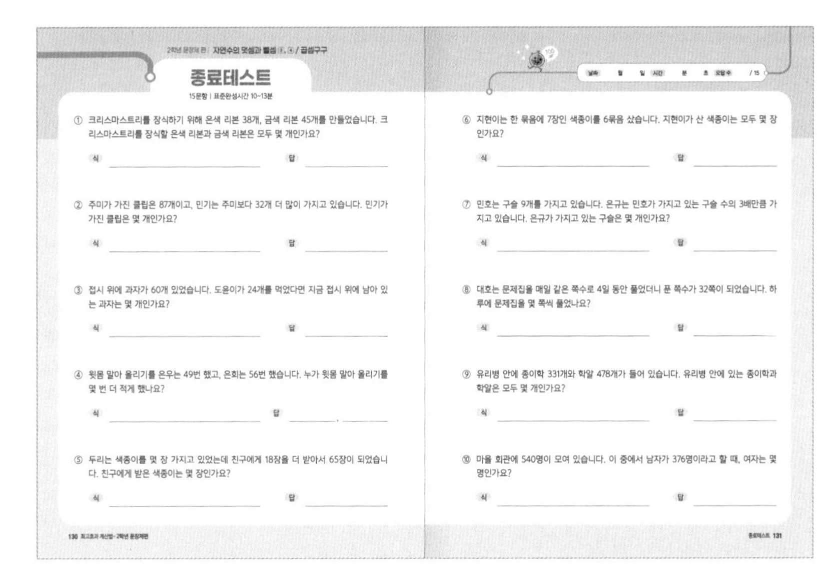

2학년 문장제 편 | 자연수의 덧셈과 뺄셈 ③, ④ / 곱셈구구

종료테스트

15문항 | 표준완성시간 10~13분

① 크리스마스트리를 장식하기 위해 은색 리본 38개, 금색 리본 45개를 만들었습니다. 크리스마스트리를 장식할 은색 리본과 금색 리본은 모두 몇 개인가요?

식 ______________ 답 ______________

② 주미가 가진 클립은 87개이고, 민기는 주미보다 32개 더 많이 가지고 있습니다. 민기가 가진 클립은 몇 개인가요?

식 ______________ 답 ______________

③ 접시 위에 과자가 60개 있었습니다. 도윤이가 24개를 먹었다면 지금 접시 위에 남아 있는 과자는 몇 개인가요?

식 ______________ 답 ______________

④ 윗몸 말아 올리기를 은우는 49번 했고, 은희는 56번 했습니다. 누가 윗몸 말아 올리기를 몇 번 더 적게 했나요?

식 ______________ 답 ________, ________

⑤ 두리는 색종이를 몇 장 가지고 있었는데 친구에게 18장을 더 받아서 65장이 되었습니다. 친구에게 받은 색종이는 몇 장인가요?

식 ______________ 답 ______________

130 최고효과 계산법 · 2학년 문장제편

날짜 월 일 시간 분 초 오답 수 / 15

⑥ 지현이는 한 묶음에 7장인 색종이를 6묶음 샀습니다. 지현이가 산 색종이는 모두 몇 장인가요?

식 ______________ 답 ______________

⑦ 민호는 구슬 9개를 가지고 있습니다. 은규는 민호가 가지고 있는 구슬 수의 3배만큼 가지고 있습니다. 은규가 가지고 있는 구슬은 몇 개인가요?

식 ______________ 답 ______________

⑧ 대호는 문제집을 매일 같은 쪽수로 4일 동안 풀었더니 푼 쪽수가 32쪽이 되었습니다. 하루에 문제집을 몇 쪽씩 풀었나요?

식 ______________ 답 ______________

⑨ 유리병 안에 종이학 331개와 학알 478개가 들어 있습니다. 유리병 안에 있는 종이학과 학알은 모두 몇 개인가요?

식 ______________ 답 ______________

⑩ 마을 회관에 540명이 모여 있습니다. 이 중에서 남자가 376명이라고 할 때, 여자는 몇 명인가요?

식 ______________ 답 ______________

종료테스트 131

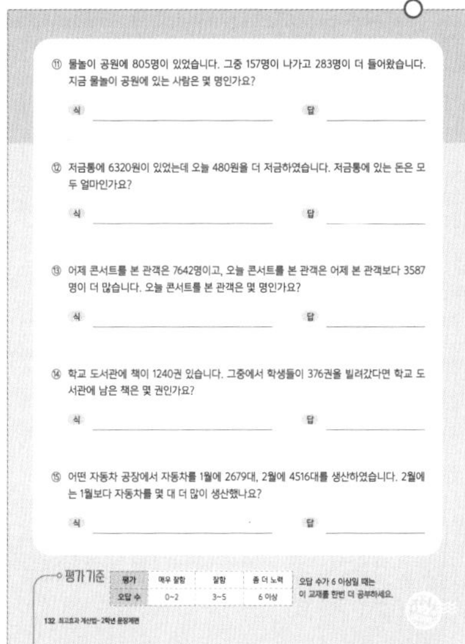

⑪ 물놀이 공원에 805명이 있었습니다. 그중 157명이 나가고 283명이 더 들어왔습니다. 지금 물놀이 공원에 있는 사람은 몇 명인가요?

식 ______________ 답 ______________

⑫ 저금통에 6320원이 있었는데 오늘 480원을 더 저금하였습니다. 저금통에 있는 돈은 모두 얼마인가요?

식 ______________ 답 ______________

⑬ 어제 콘서트를 본 관객은 7642명이고, 오늘 콘서트를 본 관객은 어제 본 관객보다 3587명이 더 많습니다. 오늘 콘서트를 본 관객은 몇 명인가요?

식 ______________ 답 ______________

⑭ 학교 도서관에 책이 1240권 있습니다. 그중에서 학생들이 376권을 빌려갔다면 학교 도서관에 남은 책은 몇 권인가요?

식 ______________ 답 ______________

⑮ 어떤 자동차 공장에서 자동차를 1월에 2679대, 2월에 4516대를 생산하였습니다. 2월에는 1월보다 자동차를 몇 대 더 많이 생산했나요?

식 ______________ 답 ______________

평가기준

평가	매우 잘함	잘함	좀 더 노력
오답 수	0~2	3~5	6 이상

오답 수가 6 이상일 때는 이 교재를 한번 더 공부하세요.

132 최고효과 계산법 · 2학년 문장제편

각 권이 끝날 때마다 종료테스트를 통해 학습한 것을 다시 한번 확인할 수 있습니다.

종료테스트의 정답을 확인하고, 평가기준을 통해 자신의 성취 수준을 판단할 수 있습니다.

정답

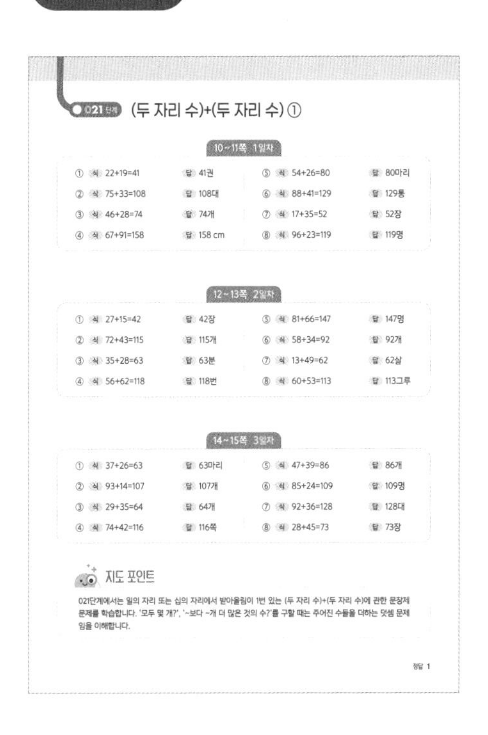

021단계 (두 자리 수)+(두 자리 수) ①

10~11쪽 1일차

	식	답		식	답
①	22+19=41	41권	⑤	54+26=80	80마리
②	75+33=108	108대	⑥	88+41=129	129통
③	46+28=74	74개	⑦	17+35=52	52장
④	67+91=158	158 cm	⑧	96+23=119	119명

12~13쪽 2일차

	식	답		식	답
①	27+15=42	42장	⑤	81+66=147	147명
②	72+43=115	115개	⑥	58+34=92	92개
③	35+28=63	63분	⑦	13+49=62	62살
④	56+62=118	118번	⑧	60+53=113	113그루

14~15쪽 3일차

	식	답		식	답
①	37+26=63	63마리	⑤	47+39=86	86개
②	93+14=107	107개	⑥	85+24=109	109명
③	29+35=64	64개	⑦	92+36=128	128대
④	74+42=116	116쪽	⑧	28+45=73	73장

지도 포인트

021단계에서는 일의 자리 또는 십의 자리에서 받아올림이 1번 있는 (두 자리 수)+(두 자리 수)에 관한 문장제 문제를 학습합니다. '모두 몇 개?', '~보다 ~개 더 많은 것의 수?'를 구할 때는 주어진 수들을 더하는 덧셈 문제임을 이해합니다.

정답 1

단계별로 **정답을 확인한 후 지도 포인트를 확인**합니다.

이번 학습을 통해 어떤 부분의 문제해결력을 길렀는지, 또한 틀린 문제를 점검할 때 어떤 부분에 중점을 두고 확인해야 할지 알 수 있습니다.

최고효과계산법 **전체** 학습 내용

최고효과계산법 **권별** 학습 내용

	1권 자연수의 덧셈과 뺄셈 ①	2권 자연수의 덧셈과 뺄셈 ②		1학년 문장제편
초 1	001단계 9까지의 수 모으기와 가르기	011단계 세 수의 덧셈, 뺄셈	+	001단계~020단계 문장제편
	002단계 합이 9까지인 덧셈	012단계 받아올림이 있는 (몇)+(몇)		
	003단계 차가 9까지인 뺄셈	013단계 받아내림이 있는 (십 몇)-(몇)		
	004단계 덧셈과 뺄셈의 관계 ①	014단계 받아올림·받아내림이 있는 덧셈, 뺄셈 종합		
	005단계 세 수의 덧셈과 뺄셈 ①	015단계 (두 자리 수)+(한 자리 수)		
	006단계 (몇십)+(몇)	016단계 (몇십)-(몇)		
	007단계 (몇십 몇)±(몇)	017단계 (두 자리 수)-(한 자리 수)		
	008단계 (몇십)±(몇십), (몇십 몇)±(몇십 몇)	018단계 (두 자리 수)±(한 자리 수) ①		
	009단계 10의 모으기와 가르기	019단계 (두 자리 수)±(한 자리 수) ②		
	010단계 10의 덧셈과 뺄셈	020단계 세 수의 덧셈과 뺄셈 ②		
	3권 자연수의 덧셈과 뺄셈 ③/곱셈구구	**4권 자연수의 덧셈과 뺄셈 ④**		**2학년 문장제편**
초 2	021단계 (두 자리 수)+(두 자리 수) ①	031단계 (세 자리 수)+(세 자리 수) ①	+	021단계~040단계 문장제편
	022단계 (두 자리 수)+(두 자리 수) ②	032단계 (세 자리 수)+(세 자리 수) ②		
	023단계 (두 자리 수)-(두 자리 수)	033단계 (세 자리 수)-(세 자리 수) ①		
	024단계 (두 자리 수)±(두 자리 수)	034단계 (세 자리 수)-(세 자리 수) ②		
	025단계 덧셈과 뺄셈의 관계 ②	035단계 (세 자리 수)±(세 자리 수)		
	026단계 같은 수를 여러 번 더하기	036단계 세 자리 수의 덧셈, 뺄셈 종합		
	027단계 2, 5, 3, 4의 단 곱셈구구	037단계 세 수의 덧셈과 뺄셈 ③		
	028단계 6, 7, 8, 9의 단 곱셈구구	038단계 (네 자리 수)+(세 자리 수·네 자리 수)		
	029단계 곱셈구구 종합 ①	039단계 (네 자리 수)-(세 자리 수·네 자리 수)		
	030단계 곱셈구구 종합 ②	040단계 네 자리 수의 덧셈, 뺄셈 종합		

초3	5권 자연수의 곱셈과 나눗셈 1		6권 자연수의 곱셈과 나눗셈 2	
	041단계	같은 수를 여러 번 빼기 ①	051단계	(세 자리 수)×(한 자리 수) ①
	042단계	곱셈과 나눗셈의 관계	052단계	(세 자리 수)×(한 자리 수) ②
	043단계	곱셈구구 범위에서의 나눗셈 ①	053단계	(두 자리 수)×(두 자리 수) ①
	044단계	같은 수를 여러 번 빼기 ②	054단계	(두 자리 수)×(두 자리 수) ②
	045단계	곱셈구구 범위에서의 나눗셈 ②	055단계	(세 자리 수)×(두 자리 수) ①
	046단계	곱셈구구 범위에서의 나눗셈 ③	056단계	(세 자리 수)×(두 자리 수) ②
	047단계	(두 자리 수)×(한 자리 수) ①	057단계	(몇십)÷(몇), (몇백 몇십)÷(몇)
	048단계	(두 자리 수)×(한 자리 수) ②	058단계	(두 자리 수)÷(한 자리 수) ①
	049단계	(두 자리 수)×(한 자리 수) ③	059단계	(두 자리 수)÷(한 자리 수) ②
	050단계	(두 자리 수)×(한 자리 수) ④	060단계	(두 자리 수)÷(한 자리 수) ③

초4	7권 자연수의 나눗셈 / 혼합 계산		8권 분수와 소수의 덧셈과 뺄셈	
	061단계	(세 자리 수)÷(한 자리 수) ①	071단계	대분수를 가분수로, 가분수를 대분수로 나타내기
	062단계	(세 자리 수)÷(한 자리 수) ②	072단계	분모가 같은 분수의 덧셈 ①
	063단계	몇십으로 나누기	073단계	분모가 같은 분수의 덧셈 ②
	064단계	(두 자리 수)÷(두 자리 수) ①	074단계	분모가 같은 분수의 뺄셈 ①
	065단계	(두 자리 수)÷(두 자리 수) ②	075단계	분모가 같은 분수의 뺄셈 ②
	066단계	(세 자리 수)÷(두 자리 수) ①	076단계	분모가 같은 분수의 덧셈, 뺄셈
	067단계	(세 자리 수)÷(두 자리 수) ②	077단계	자릿수가 같은 소수의 덧셈
	068단계	(두 자리 수·세 자리 수)÷(두 자리 수)	078단계	자릿수가 다른 소수의 덧셈
	069단계	자연수의 혼합 계산 ①	079단계	자릿수가 같은 소수의 뺄셈
	070단계	자연수의 혼합 계산 ②	080단계	자릿수가 다른 소수의 뺄셈

초5	9권 분수의 덧셈과 뺄셈		10권 분수와 소수의 곱셈	
	081단계	약수와 배수	091단계	분수와 자연수의 곱셈
	082단계	공약수와 최대공약수	092단계	분수의 곱셈 ①
	083단계	공배수와 최소공배수	093단계	분수의 곱셈 ②
	084단계	최대공약수와 최소공배수	094단계	세 분수의 곱셈
	085단계	약분	095단계	분수와 소수
	086단계	통분	096단계	소수와 자연수의 곱셈
	087단계	분모가 다른 진분수의 덧셈과 뺄셈	097단계	소수의 곱셈 ①
	088단계	분모가 다른 대분수의 덧셈과 뺄셈	098단계	소수의 곱셈 ②
	089단계	분수의 덧셈과 뺄셈	099단계	분수와 소수의 곱셈
	090단계	세 분수의 덧셈과 뺄셈	100단계	분수, 소수, 자연수의 곱셈

초6	11권 분수와 소수의 나눗셈		12권 분수와 소수의 혼합 계산 / 비와 방정식	
	101단계	분수와 자연수의 나눗셈	111단계	분수와 소수의 곱셈과 나눗셈
	102단계	분수의 나눗셈 ①	112단계	분수와 소수의 혼합 계산
	103단계	분수의 나눗셈 ②	113단계	비와 비율
	104단계	소수와 자연수의 나눗셈 ①	114단계	간단한 자연수의 비로 나타내기
	105단계	소수와 자연수의 나눗셈 ②	115단계	비례식
	106단계	자연수와 자연수의 나눗셈	116단계	비례배분
	107단계	소수의 나눗셈 ①	117단계	방정식 ①
	108단계	소수의 나눗셈 ②	118단계	방정식 ②
	109단계	소수의 나눗셈 ③	119단계	방정식 ③
	110단계	분수와 소수의 나눗셈	120단계	방정식 ④

차례

2학년 문장제 편 | 자연수의 덧셈과 뺄셈 3, 4 / 곱셈구구

학습 결과는 다음 평가 기준을 참조하세요.

평가	매우 잘함	잘함	좀 더 노력
오답 수	0~1	2~3	4 이상

오답 수가 4 이상일 때는
틀린 부분을 한번 더 공부하세요.

021 단계 (두 자리 수)+(두 자리 수) ①

늘어난 값 구하기

① 학급 문고에 동화책이 22권 있었는데 19권을 더 사 왔습니다. 학급 문고에 있는 동화책은 모두 몇 권인가요?

식 22 + 19 = 41   답 41권

(학급 문고에 있는 동화책 수)
=(처음 있던 동화책 수)+(더 사 온 동화책 수)
=22+19=41

② 주차장에 자동차가 75대 있었는데 33대가 더 들어왔습니다. 주차장에 있는 자동차는 모두 몇 대인가요?

식 ☐ + ☐ = ☐   답 ______

③ 시우는 구슬을 46개 가지고 있었는데 28개를 더 샀습니다.
시우가 가진 구슬은 모두 몇 개인가요?

식 ☐ + ☐ = ☐

답 ______

④ 단풍나무의 키가 67 cm였는데 91 cm 더 자랐습니다. 단풍나무의 키는 몇 cm인가요?

식 ☐ + ☐ = ☐   답 ______

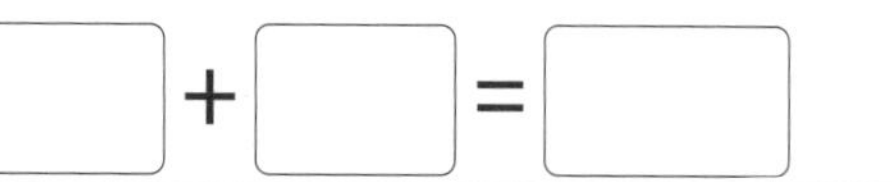

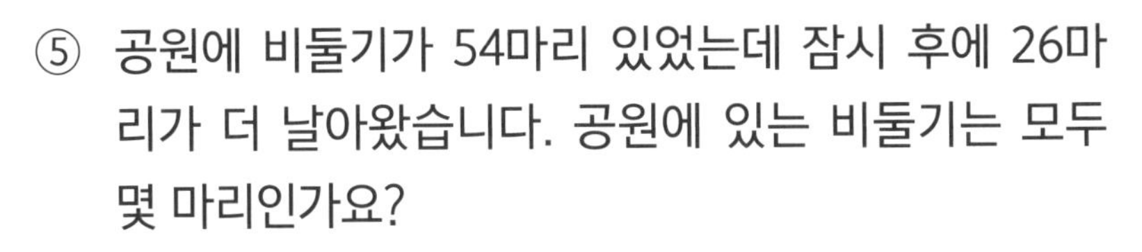

⑤ 공원에 비둘기가 54마리 있었는데 잠시 후에 26마리가 더 날아왔습니다. 공원에 있는 비둘기는 모두 몇 마리인가요?

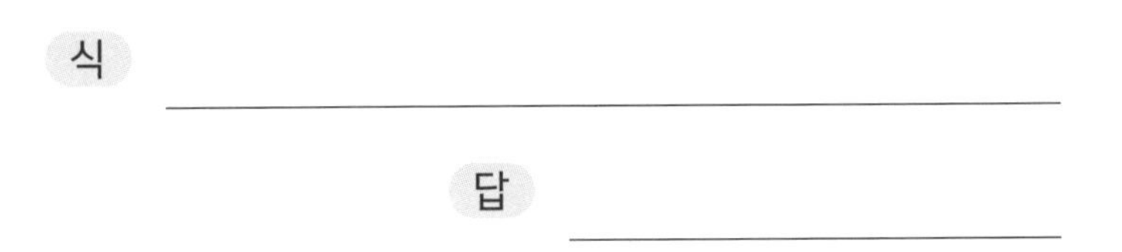

식 ____________________

답 ____________________

⑥ 대형 마트에 수박이 88통 있었는데 41통을 더 들여왔습니다. 대형 마트에 있는 수박은 모두 몇 통인가요?

식 ____________________

답 ____________________

⑦ 세경이는 우표 17장을 가지고 있었는데 35장을 더 모았습니다. 세경이가 모은 우표는 모두 몇 장인가요?

식 ____________________

답 ____________________

⑧ 은빛 마을에 96명이 살고 있었는데 23명이 더 이사 왔습니다. 은빛 마을에 살고 있는 사람은 모두 몇 명인가요?

식 ____________________

답 ____________________

021 단계 (두 자리 수)+(두 자리 수) ①

두 수의 합 구하기

① 소민이는 색종이를 성주에게 27장, 지우에게 15장 받았습니다. 소민이가 성주와 지우에게 받은 색종이는 모두 몇 장인가요?

식 [27] + [15] = [42]　　답 42장

(소민이가 받은 색종이 수)
=(성주에게 받은 색종이 수)+(지우에게 받은 색종이 수)
=27+15=42

② 빵집에서 식빵을 오전에는 72개, 오후에는 43개를 팔았습니다. 오늘 빵집에서 판 식빵은 모두 몇 개인가요?

식 [ ] + [ ] = [ ]　　답 ______

③ 성훈이는 컴퓨터 게임을 어제 35분간 하고, 오늘은 28분간 했습니다. 성훈이는 어제와 오늘 컴퓨터 게임을 모두 몇 분 했나요?

식 [ ] + [ ] = [ ]　　답 ______

④ 민희는 훌라후프를 처음에는 56번 돌리고, 두 번째는 62번 돌렸습니다. 민희는 훌라후프를 모두 몇 번 돌렸나요?

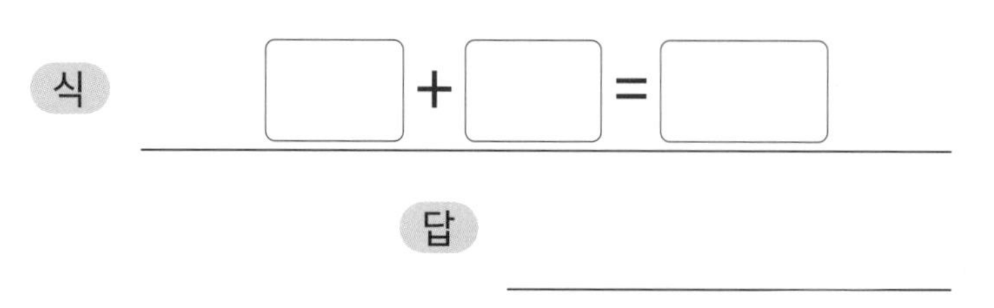

식 [ ] + [ ] = [ ]

답 ______

⑤ 현주네 학교 2학년 남학생은 81명이고, 여학생은 66명입니다. 현주네 학교 2학년 학생은 모두 몇 명인가요?

식 ______________________ 답 ______________

⑥ 체험 학습에서 딸기를 재성이는 58개 땄고, 지은이는 34개 땄습니다. 두 사람이 딴 딸기는 모두 몇 개인가요?

식 ______________________

답 ______________

⑦ 형의 나이는 13살이고, 아버지의 나이는 49살입니다. 형과 아버지의 나이를 더하면 몇 살인가요?

식 ______________________ 답 ______________

⑧ 식목일에 1학년 학생들은 나무 60그루를 심었고, 2학년 학생들은 53그루를 심었습니다. 1, 2학년 학생들이 심은 나무는 모두 몇 그루인가요?

식 ______________________ 답 ______________

3 일차

021 단계 (두 자리 수)+(두 자리 수) ①

더 많은 것의 수 구하기

① 종이학을 선호는 37마리 접었고, 유리는 선호보다 26마리 더 많이 접었습니다. 유리가 접은 종이학은 몇 마리인가요?

식 

37 + 26 = 63

답 63마리

(유리가 접은 종이학 수)
=(선호가 접은 종이학 수)+(더 많이 접은 종이학 수)
=37+26=63

② 청팀은 콩 주머니를 93개 만들고, 백팀은 청팀보다 14개 더 많이 만들었습니다. 백팀이 만든 콩 주머니는 몇 개인가요?

식 ☐ + ☐ = ☐

답 

③ 한 상자에 사과는 29개 들어가고, 귤은 사과보다 35개 더 많이 들어갑니다. 한 상자에 들어가는 귤은 몇 개인가요?

식 ☐ + ☐ = ☐

답

④ 유선이는 위인전을 지난주에는 74쪽 읽었고, 이번 주에는 지난주보다 42쪽 더 많이 읽었습니다. 유선이가 이번 주에 읽은 위인전은 몇 쪽인가요?

식 ☐ + ☐ = ☐

답

⑤ 도훈이는 별사탕을 47개 가지고 있고, 성준이는 도훈이보다 별사탕을 39개 더 많이 가지고 있습니다. 성준이가 가지고 있는 별사탕은 몇 개인가요?

식 ______________________ 답 ______________

⑥ 야구를 좋아하는 학생은 85명이고, 축구를 좋아하는 학생은 야구를 좋아하는 학생보다 24명 더 많습니다. 축구를 좋아하는 학생은 몇 명인가요?

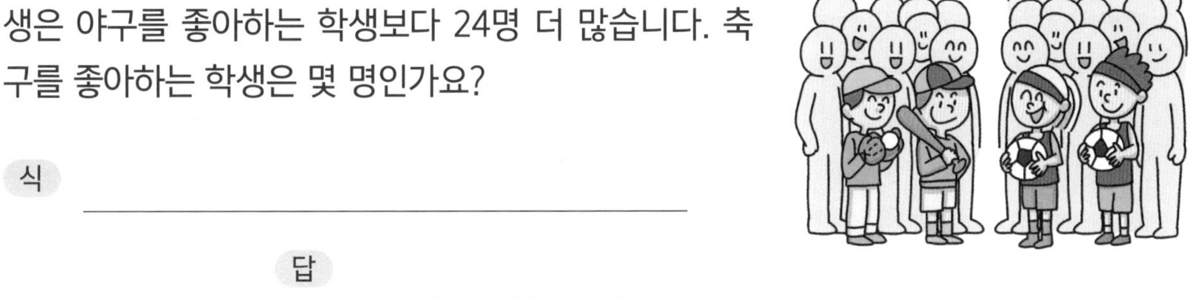

식 ______________________

답 ______________

⑦ 공장에서 어제 생산한 자전거는 92대이고, 오늘은 어제보다 36대 더 많이 생산했습니다. 오늘 공장에서 생산한 자전거는 몇 대인가요?

식 ______________________ 답 ______________

⑧ 은서는 칭찬 스티커를 지난달에는 28장 모았고, 이번 달에는 지난달보다 45장 더 많이 모았습니다. 은서가 이번 달에 모은 칭찬 스티커는 몇 장인가요?

식 ______________________ 답 ______________

1 일차

022 단계 (두 자리 수)+(두 자리 수) ②

늘어난 값 구하기

① 강당에 85명의 학생이 줄을 서 있었는데 잠시 후에 26명이 더 와서 줄을 섰습니다. 강당에 줄을 서 있는 학생은 모두 몇 명인가요?

식 85 + 26 = 111

답 

② 수족관에 열대어가 78마리 있었는데 54마리를 더 사다가 넣었습니다. 수족관에 있는 열대어는 모두 몇 마리인가요?

식 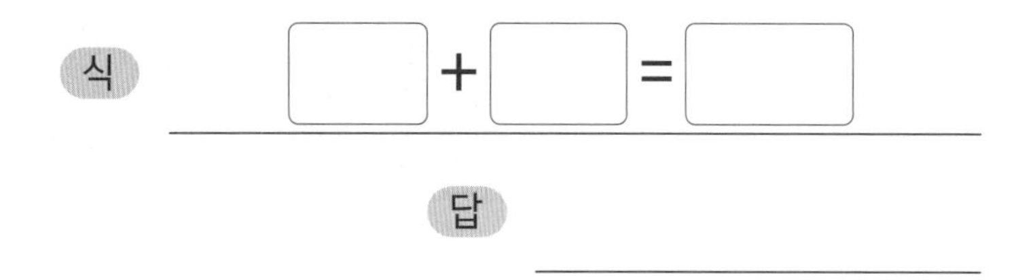

답

③ 저금통에 동전이 93개 있었는데 47개를 더 집어넣었습니다. 저금통에 있는 동전은 모두 몇 개인가요?

식 □ + □ = □

답

④ 초롱이네 강아지는 태어날 때 키가 16 cm였는데 일 년 동안 38 cm 더 자랐습니다. 초롱이네 강아지의 키는 몇 cm인가요?

식 □ + □ = □

답

⑤ 책꽂이에 책이 73권 꽂혀 있었는데 방을 정리하면서 28권을 더 꽂았습니다. 책꽂이에 꽂혀 있는 책은 모두 몇 권인가요?

식 ______________________ 답 ______________

⑥ 유라는 친구들과 파티 준비를 하고 있습니다. 풍선을 84개 준비했는데 36개가 더 필요합니다. 파티에 필요한 풍선은 모두 몇 개인가요?

식 ______________________

답 ______________

⑦ 울타리 안에 토끼 48마리가 놀고 있었는데 밖에서 놀던 토끼 19마리가 울타리 안으로 들어왔습니다. 울타리 안에 있는 토끼는 모두 몇 마리인가요?

식 ______________________ 답 ______________

⑧ 손오공의 여의봉은 평소에는 55 cm이지만 적이 나타나면 99 cm 더 늘어납니다. 적이 나타나면 손오공의 여의봉은 몇 cm가 되나요?

식 ______________________ 답 ______________

2 일차

022 단계

(두 자리 수)+(두 자리 수) ②

두 수의 합 구하기

① 선규는 노란 구슬을 84개, 파란 구슬을 67개 가지고 있습니다. 선규가 가지고 있는 노란 구슬과 파란 구슬은 모두 몇 개인가요?

식 84 + 67 = 151

답 151개

② 어느 동물원에 기린이 25마리, 사슴이 37마리 있습니다. 이 동물원에 있는 기린과 사슴은 모두 몇 마리인가요?

식 □ + □ = □

답

③ 분홍색 털실을 모두 풀면 75 m이고, 하늘색 털실을 모두 풀면 39 m입니다. 두 털실의 길이를 더하면 몇 m인가요?

식 □ + □ = □

답

④ 지안이는 줄넘기를 어제 58번 하였고, 오늘 96번 하였습니다. 지안이가 어제와 오늘 한 줄넘기는 모두 몇 번인가요?

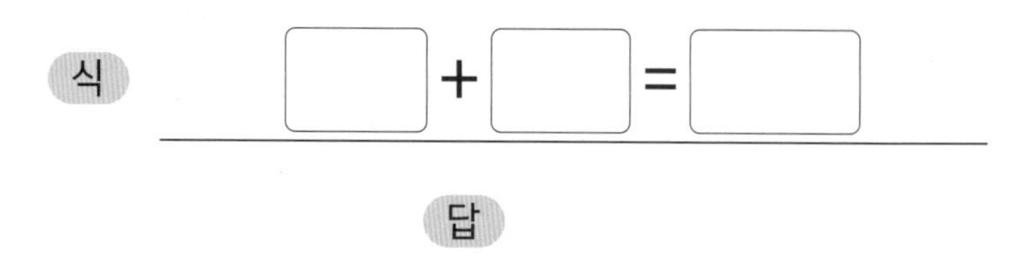

식 □ + □ = □

답

⑤ 꽃밭에 나비가 45마리 날아다니고, 벌이 71마리 날아다닙니다. 꽃밭에 날아다니는 나비와 벌은 모두 몇 마리인가요?

식 ____________________

답 ____________________

⑥ 슬기는 동화책을 어제는 98쪽, 오늘은 66쪽 읽었습니다. 슬기는 어제와 오늘 동화책을 모두 몇 쪽 읽었나요?

식 ____________________ 답 ____________________

⑦ 화단에 채송화는 64송이, 봉숭아는 47송이가 피었습니다. 화단에 핀 채송화와 봉숭아는 모두 몇 송이인가요?

식 ____________________ 답 ____________________

⑧ 바닷가에서 조개껍질을 보라는 68개, 동생은 59개 주웠습니다. 보라와 동생이 주운 조개껍질은 모두 몇 개인가요?

식 ____________________ 답 ____________________

3 일차

022 단계 (두 자리 수)+(두 자리 수) ②

더 많은 것의 수 구하기

① 체험 학습에서 소미는 밤을 86개 주웠고, 지우는 소미보다 27개 더 많이 주웠습니다. 지우가 주운 밤은 몇 개인가요?

식 86 + 27 = 113

답 113개

② 풀밭에 여치는 95마리 있고, 메뚜기는 여치보다 51마리 더 많습니다. 풀밭에 있는 메뚜기는 몇 마리인가요?

식 ☐ + ☐ = ☐

답 ______

③ 시은이는 67 cm 높이의 탑을 쌓았고, 성호는 시은이보다 39 cm 더 높게 탑을 쌓았습니다. 성호가 쌓은 탑은 몇 cm 인가요?

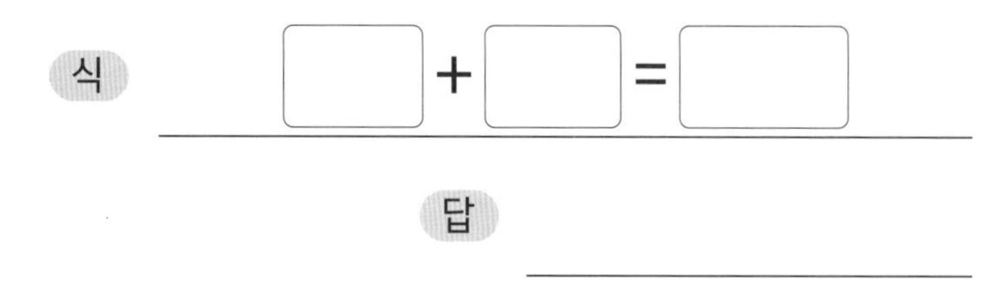

식 ☐ + ☐ = ☐

답 ______

④ 시계 가게에 벽시계는 46개 있고, 탁상시계는 벽시계보다 54개 더 많습니다. 시계 가게에 있는 탁상시계는 몇 개인가요?

식 ☐ + ☐ = ☐

답 ______

⑤ 미라의 인형의 키는 58 cm이고, 은수의 인형은 미라의 인형보다 37 cm 더 큽니다. 은수의 인형의 키는 몇 cm인가요?

식 ______________________

답 ______________

⑥ 과수원에 복숭아나무가 72그루 있고, 사과나무는 복숭아나무보다 66그루 더 많습니다. 과수원에 있는 사과나무는 몇 그루인가요?

식 ______________________ 답 ______________

⑦ 지석이는 기탄수학을 지난달에는 83쪽 풀었고, 이번 달에는 지난달보다 28쪽 더 많이 풀었습니다. 이번 달에 지석이가 푼 기탄수학은 몇 쪽인가요?

식 ______________________ 답 ______________

⑧ 체육 대회에서 발야구를 하는 사람은 93명이고, 피구를 하는 사람은 발야구를 하는 사람보다 49명 더 많습니다. 피구를 하는 사람은 몇 명인가요?

식 ______________________ 답 ______________

023 단계 (두 자리 수)-(두 자리 수)

줄어든 값 구하기

① 나무 위에 원숭이가 30마리 있었는데 17마리가 땅으로 내려왔습니다. 나무 위에 남아 있는 원숭이는 몇 마리인가요?

식 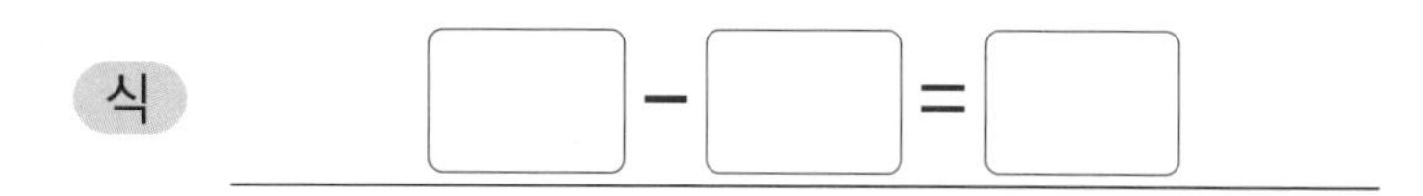

답 

(나무 위에 남아 있는 원숭이 수)
=(나무 위에 있던 원숭이 수)-(땅으로 내려온 원숭이 수)
=30-17=13

② 지율이는 구슬을 61개 가지고 있었습니다. 친구에게 23개를 주면 지율이에게 남는 구슬은 몇 개인가요?

식 □ - □ = □

답

③ 벌집에 꿀벌이 43마리 있었는데 26마리가 날아갔습니다. 벌집에 남아 있는 꿀벌은 몇 마리인가요?

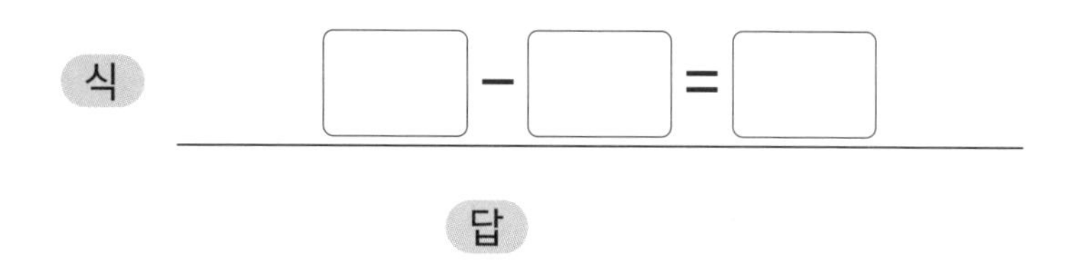

④ 채운이는 색종이를 85장 가지고 있었습니다. 이 중에서 48장을 사용하면 남는 색종이는 몇 장인가요?

식 □ - □ = □

답

⑤ 다람쥐가 도토리를 52개 가지고 있었는데 36개를 땅속에 묻었습니다. 다람쥐가 지금 가지고 있는 도토리는 몇 개인가요?

식

답

⑥ 접시 위에 아몬드가 90개 있었습니다. 윤정이가 45개를 먹었다면 지금 접시 위에 남아 있는 아몬드는 몇 개인가요?

식

답

⑦ 케이크를 만드는 데 달걀 74개 중에서 18개를 사용하였습니다. 남은 달걀은 몇 개인가요?

식

답

⑧ 어느 음식점에 손님이 67명 있었는데 식사를 마치고 29명이 나갔습니다. 지금 음식점에 남아 있는 손님은 몇 명인가요?

식

답

023 단계 (두 자리 수)-(두 자리 수)

두 수의 차 구하기

① 아름이는 연필을 35자루 가지고 있고, 색연필을 16자루 가지고 있습니다. 아름이가 가지고 있는 연필은 색연필보다 몇 자루 더 많은가요?

식 35 − 16 = 19　　답 19자루

(연필과 색연필 수의 차)
=(연필의 수)−(색연필의 수)
=35−16=19

② 꽃집에 국화가 63송이, 카네이션이 37송이 있습니다.
꽃집에 있는 카네이션은 국화보다 몇 송이 더 적은가요?

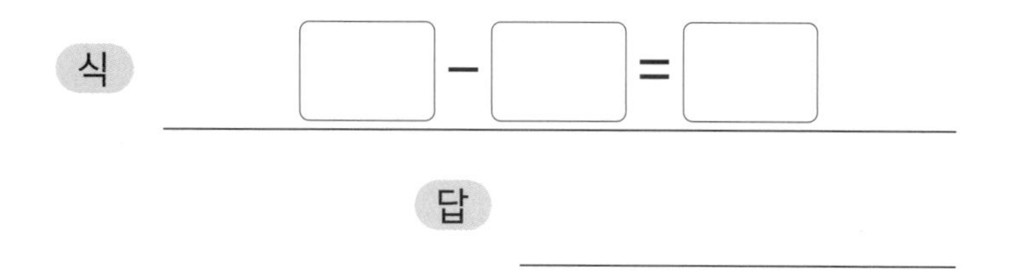

식 ☐ − ☐ = ☐

답 ________

③ 아버지의 나이는 42살이고, 삼촌의 나이는 29살입니다. 아버지의 나이는 삼촌보다 몇 살 더 많은가요?

식 ________　　답 ________

④ 빵 가게에 단팥빵이 80개, 크림빵이 45개 진열되어 있습니다. 빵 가게에 있는 크림빵은 단팥빵보다 몇 개 더 적은가요?

식 ________　　답 ________

⑤ 수학 문제를 승호는 32문제 맞혔고, 은주는 24문제 맞혔습니다. 누가 수학 문제를 몇 문제 더 많이 맞혔나요?

⑥ 훌라후프 돌리기를 현우는 58번 했고, 수희는 71번 했습니다. 누가 훌라후프 돌리기를 몇 번 더 적게 했나요?

식 ☐ − ☐ = ☐ 답 ______, ______

⑦ 상자 안에 검은색 바둑돌이 69개 있고, 흰색 바둑돌이 85개 들어 있습니다. 어떤 색 바둑돌이 몇 개 더 많은가요?

식 ______________ 답 ______, ______

⑧ 동물원에 있는 거북의 나이는 96살, 두루미의 나이는 47살입니다. 어떤 동물이 몇 살 더 적은가요?

023 단계 (두 자리 수)-(두 자리 수)

더 적은 것의 수 구하기

① 빨간 색종이는 74장 있고, 노란 색종이는 빨간 색종이보다 35장 더 적습니다. 노란 색종이는 몇 장인가요?

식
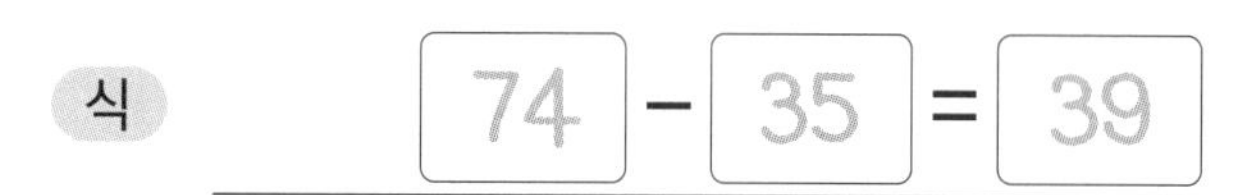

답 39장

(노란 색종이의 수)
=(빨간 색종이의 수)-(더 적은 색종이의 수)
=74-35=39

② 포도를 민주는 52알 먹었고, 지호는 민주보다 28알 더 적게 먹었습니다. 지호가 먹은 포도는 몇 알인가요?

식
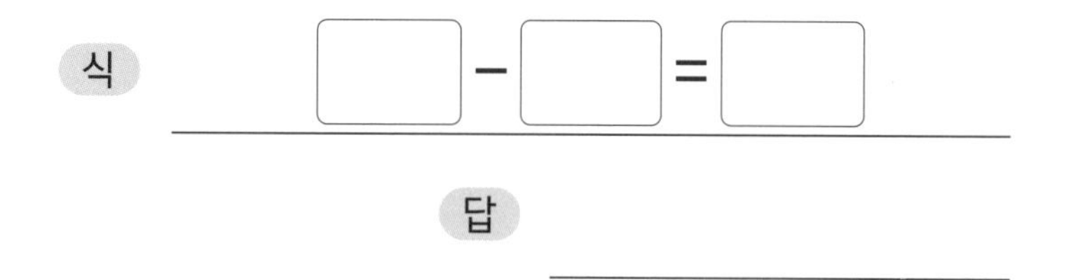

답 ____________

③ 윗몸 말아 올리기를 현우는 91번 했고, 예원이는 현우보다 19번 더 적게 했습니다. 예원이는 윗몸 말아 올리기를 몇 번 했나요?

식 □ - □ = □

답 ____________

④ 운동장에 줄을 선 학생은 65명이고, 줄을 서지 않은 학생은 줄을 선 학생보다 47명 더 적습니다. 운동장에 줄을 서지 않은 학생은 몇 명인가요?

식 □ - □ = □

답 ____________

kg은 킬로그램이라고 읽습니다.

⑤ 엄마의 몸무게는 46 kg이고, 나는 엄마보다 18 kg 더 가볍습니다. 나의 몸무게는 몇 kg 인가요?

식 ______________________ 답 ______________

⑥ 지효가 가진 클립은 70개이고, 태훈이는 지효보다 41개 더 적게 가지고 있습니다. 태훈이가 가진 클립은 몇 개인가요?

식 ______________________ 답 ______________

⑦ 농장에 염소가 82마리 있고, 소는 염소보다 54마리 더 적습니다. 농장에 있는 소는 몇 마리인가요?

식 ______________________ 답 ______________

⑧ 우진이와 경희는 다트 놀이를 하였습니다. 우진이의 점수는 64점이고, 경희의 점수는 우진이보다 26점 더 적습니다. 경희의 점수는 몇 점인가요?

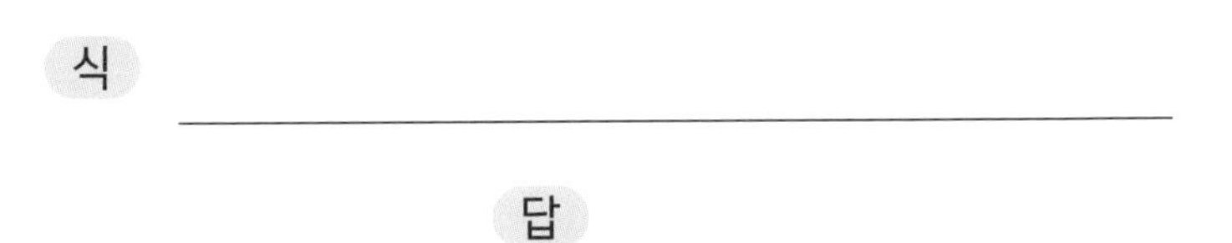

식 ______________________

답 ______________

024 단계 (두 자리 수)±(두 자리 수)

늘어나고 줄어든 값 구하기

① 원래 27 cm이지만 늘이면 원래보다 최대 54 cm가 더 늘어나는 용수철이 있습니다. 가장 많이 늘어났을 때의 용수철의 길이는 몇 cm인가요?

식 ______________________

답 ______________

② 지금까지 계단을 64개 올라왔는데 36개 더 올라가야 집에 도착합니다. 집에 가려면 계단을 모두 몇 개 올라가야 하나요?

식 ______________________ 답 ______________

③ 운동장에 학생 41명이 있었는데 32명이 집으로 돌아갔습니다. 운동장에 남은 학생은 몇 명인가요?

식 ______________________ 답 ______________

④ 혜란이네 집에는 대추가 72개 있었습니다. 오늘 가족들이 대추를 48개 먹었다면 남은 대추는 몇 개인가요?

식 ______________________ 답 ______________

⑤ 은별이는 지금까지 73개의 종이꽃을 접었고, 42개의 종이꽃을 더 접으려고 합니다. 은별이는 모두 몇 개의 종이꽃을 접게 되나요?

식 ______________________

⑥ 불이 켜진 양초가 85개 있었는데 27개의 양초에 불을 더 붙였습니다. 불이 켜진 양초는 모두 몇 개인가요?

식 ______________________

⑦ 개미집에 개미가 55마리 있었는데 29마리가 먹이를 구하러 나갔습니다. 개미집에 남아 있는 개미는 몇 마리인가요?

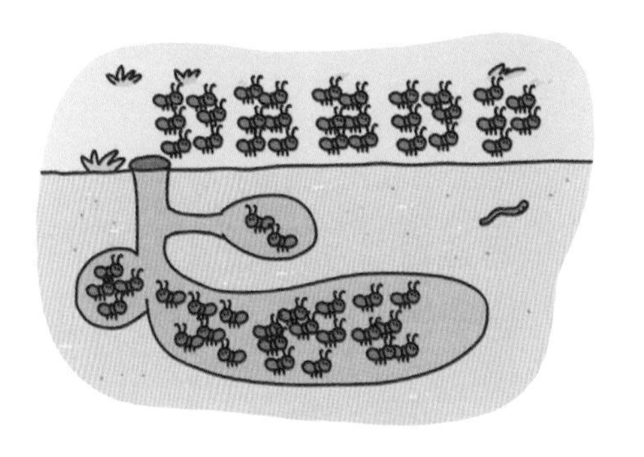

식 ______________________

답 ______________________

⑧ 주차장에 있던 자동차 90대 중에서 53대가 빠져나갔습니다. 주차장에 남아 있는 자동차는 몇 대인가요?

식 ______________________

2 일차

024 단계

(두 자리 수)±(두 자리 수)

두 수의 합과 차 구하기

① 낚시를 하러 가서 물고기를 아빠는 27마리, 나는 16마리를 잡았습니다. 아빠와 내가 잡은 물고기는 모두 몇 마리인가요?

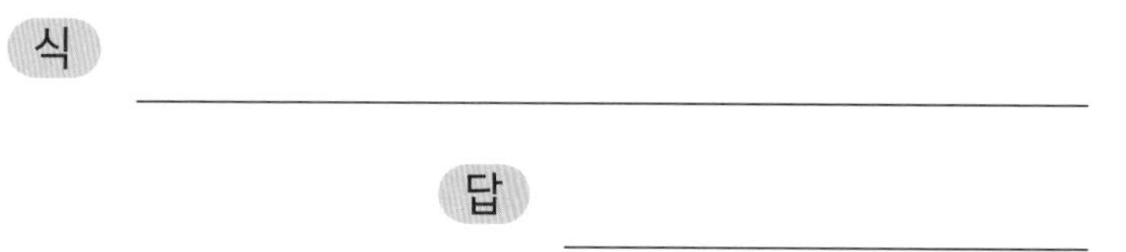

식

답

② 곤충관에서는 곤충에게 먹이를 아침에 47봉지, 점심에 65봉지 주었습니다. 아침과 점심에 먹이를 모두 몇 봉지 주었나요?

식

답

③ 동물원에 긴팔원숭이가 71마리, 개코원숭이가 36마리 있습니다. 동물원에 있는 개코원숭이는 긴팔원숭이보다 몇 마리 더 적은가요?

식

답

④ 민지네 학교 1학년은 83명, 2학년은 92명입니다. 2학년은 1학년보다 학생 수가 몇 명 더 많은가요?

식

답

⑤ 양계장의 닭들이 어제는 달걀을 72개 낳았고, 오늘은 53개 낳았습니다. 닭들이 어제와 오늘 낳은 달걀은 모두 몇 개인가요?

식 ______________________ 답 ______________

⑥ 화단에 빨간 장미가 68송이, 노란 장미가 37송이 피어 있습니다. 화단에 피어 있는 빨간 장미와 노란 장미는 모두 몇 송이인가요?

식 ______________________ 답 ______________

⑦ 피아노의 검은색 건반이 36개, 흰색 건반이 52개입니다. 어떤 색 건반이 몇 개 더 적은가요?

식 ______________________ 답 __________, __________

⑧ 정호네 할아버지의 연세는 73세이고, 할머니의 연세는 66세입니다. 할아버지와 할머니 중 누가 몇 세 더 많은가요?

식 ______________________

답 __________, __________

3 일차

024 단계

(두 자리 수)±(두 자리 수)

더 많고 적은 것의 수 구하기

① 토끼와 거북이가 달리기 시합을 하고 있습니다. 거북이가 17 m 달렸을 때, 토끼는 거북이보다 66 m 더 앞서 있었습니다. 이때 토끼가 달린 거리는 몇 m인가요?

식

답

② 빵집에서는 매일 꽈배기를 68개 만들고, 도넛은 꽈배기보다 54개 더 많이 만듭니다. 빵집에서 하루에 만드는 도넛은 몇 개인가요?

식

답

③ 주희는 국어와 수학 시험을 봤습니다. 국어 점수는 96점이고, 수학 점수는 국어 점수보다 18점 더 낮습니다. 수학 점수는 몇 점인가요?

식

답

④ 꽃집에서 오늘 꽃다발은 71개가 팔리고, 화분은 꽃다발보다 43개 더 적게 팔렸습니다. 오늘 꽃집에서 판 화분은 몇 개인가요?

식

답

⑤ 칭찬 스티커를 25개 모으면 공책을 주고, 공책을 받을 수 있는 칭찬 스티커보다 35개 더 모으면 필통을 줍니다. 필통을 받으려면 칭찬 스티커를 몇 개 모아야 하나요?

식 ______________________ 답 ______________

kg은 킬로그램이라고 읽습니다.

⑥ 코뿔소는 매일 27 kg의 음식을 먹고, 코끼리는 코뿔소보다 75 kg 더 많이 먹습니다. 코끼리가 하루에 먹는 음식은 몇 kg인가요?

식 ______________________

답 ______________

⑦ 목장에 털을 깎은 양이 84마리이고, 털을 깎지 않은 양은 털을 깎은 양보다 56마리 더 적습니다. 털을 깎지 않은 양은 몇 마리인가요?

식 ______________________ 답 ______________

⑧ 안경을 쓰지 학생은 65명이고, 안경을 쓴 학생은 안경을 쓰지 않은 학생보다 28명 더 적습니다. 안경을 쓴 학생은 몇 명인가요?

식 ______________________ 답 ______________

1 일차

025 단계 덧셈과 뺄셈의 관계 ②

□가 있는 덧셈식

어떤 수를 □로 하는 덧셈식(식1)을 만들고, 덧셈과 뺄셈의 관계(식2)를 이용해서 풉니다.

① 6에 어떤 수를 더했더니 75가 되었습니다. 어떤 수는 얼마인가요?

식1
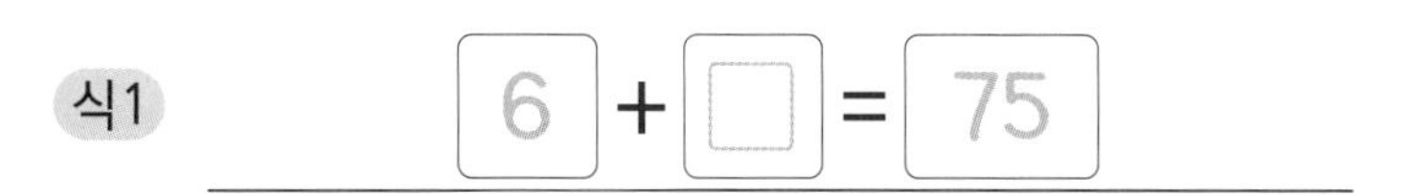

식2
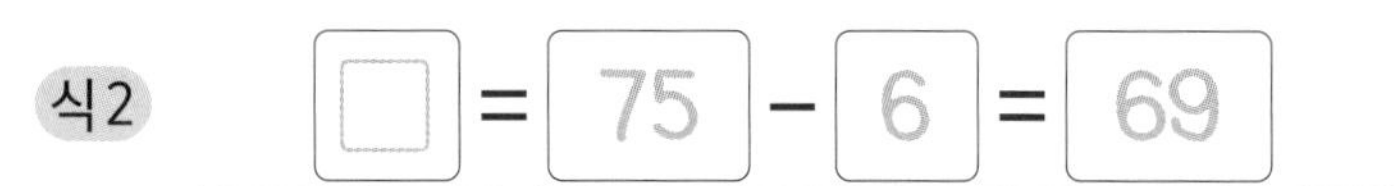

답 69

② 38보다 어떤 수만큼 큰 수는 80입니다. 어떤 수는 얼마인가요?

식1 □ + □ = □

식2 □ = □ − □ = □

답

③ 어떤 수에 23을 더했더니 61이 되었습니다. 어떤 수는 얼마인가요?

식1 □ + 23 = 61

식2 □ = 61 − 23 = 38

답 38

④ 어떤 수보다 19만큼 큰 수는 55입니다. 어떤 수는 얼마인가요?

식1 □ + □ = □

식2 □ = □ − □ = □

답

⑤ 장미 33송이와 튤립 몇 송이를 모두 모았더니 57송이가 되었습니다. 튤립은 몇 송이인가요?

식 33+□=57 답 24송이

⑥ 도진이는 위인전을 어제까지 28쪽을 읽었고, 오늘은 몇 쪽을 더 읽어 모두 62쪽을 읽었습니다. 오늘 읽은 위인전의 쪽수는 몇 쪽인가요?

식 답

⑦ 체육관에 축구공 몇 개와 농구공 45개가 있습니다. 축구공과 농구공이 모두 91개일 때, 축구공은 몇 개인가요?

식 답

⑧ 하나는 색종이를 몇 장 가지고 있었는데 친구에게 17장을 더 받아서 43장이 되었습니다. 하나가 처음 가지고 있던 색종이는 몇 장인가요?

식

답

2 일차

025 단계 덧셈과 뺄셈의 관계 ②

□가 있는 뺄셈식 (1)

어떤 수를 □로 하는 뺄셈식(식1)을 만들고, 덧셈과 뺄셈의 관계(식2)를 이용해서 풉니다.

① 어떤 수에서 7을 뺐더니 92가 되었습니다. 어떤 수는 얼마인가요?

식1 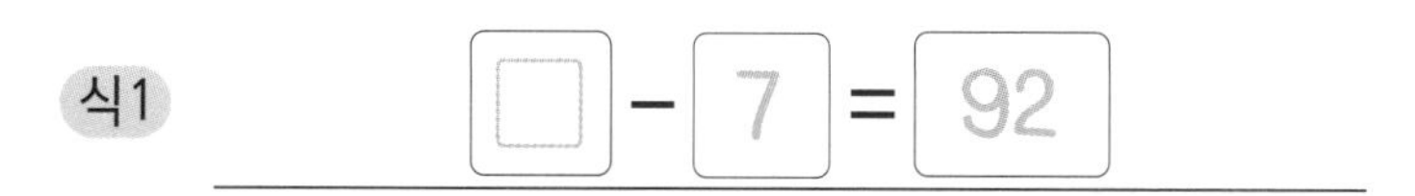

$\square - 7 = 92$

식2 

$\square = 92 + 7 = 99$

답 99

② 어떤 수보다 49만큼 작은 수는 14입니다. 어떤 수는 얼마인가요?

식1 $\square - \square = \square$

식2 $\square = \square + \square = \square$

답 ______

③ 어떤 수에서 28을 뺐더니 63이 되었습니다. 어떤 수는 얼마인가요?

식1 $\square - \square = \square$

식2 $\square = \square + \square = \square$

답 ______

④ 어떤 수보다 55만큼 작은 수는 27입니다. 어떤 수는 얼마인가요?

식1 $\square - \square = \square$

식2 $\square = \square + \square = \square$

답 ______

⑤ 접시에 떡이 몇 개 있었는데 8개를 먹었더니 13개가 남았습니다. 처음 접시에 있던 떡은 몇 개인가요?

식 □$-8=13$ 답 21개

⑥ 꽃밭에 잠자리가 몇 마리 있었는데 35마리가 날아가서 26마리가 남았습니다. 처음 꽃밭에 있던 잠자리는 몇 마리인가요?

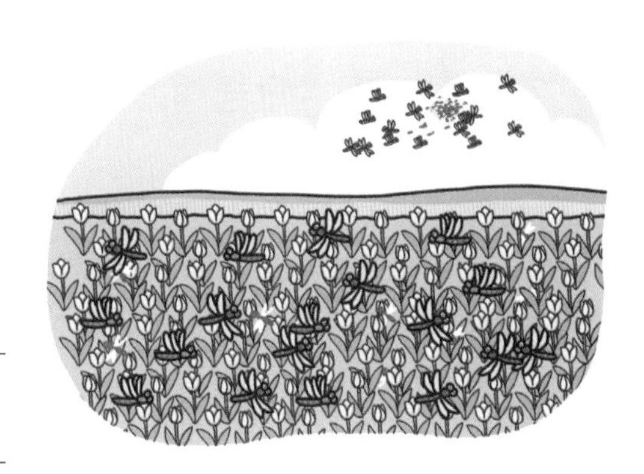

식

답

⑦ 은서는 사탕 몇 개를 가지고 있었는데 친구에게 23개를 주었더니 57개가 남았습니다. 처음 은서가 가지고 있던 사탕은 몇 개인가요?

식 답

⑧ 태호는 딱지 몇 장을 가지고 있었는데 동생에게 56장을 주었더니 19장이 남았습니다. 처음 태호가 가지고 있던 딱지는 몇 장인가요?

식 답

3 일차

025 단계 덧셈과 뺄셈의 관계 ②

☐가 있는 뺄셈식 (2)

어떤 수를 ☐로 하는 뺄셈식(식1)을 만들고, 덧셈과 뺄셈의 관계(식2)를 이용해서 풉니다.

① 58에서 어떤 수를 뺐더니 10이 되었습니다. 어떤 수는 얼마인가요?

식1 58 − ☐ = 10

식2 ☐ = 58 − 10 = 48   답 48

② 40보다 어떤 수만큼 작은 수는 31입니다. 어떤 수는 얼마인가요?

식1 ☐ − ☐ = ☐

식2 ☐ = ☐ − ☐ = ☐   답 ____

③ 72에서 어떤 수를 뺐더니 29가 되었습니다. 어떤 수는 얼마인가요?

식1 ☐ − ☐ = ☐

식2 ☐ = ☐ − ☐ = ☐   답 ____

④ 63보다 어떤 수만큼 작은 수는 45입니다. 어떤 수는 얼마인가요?

식1 ☐ − ☐ = ☐

식2 ☐ = ☐ − ☐ = ☐   답 ____

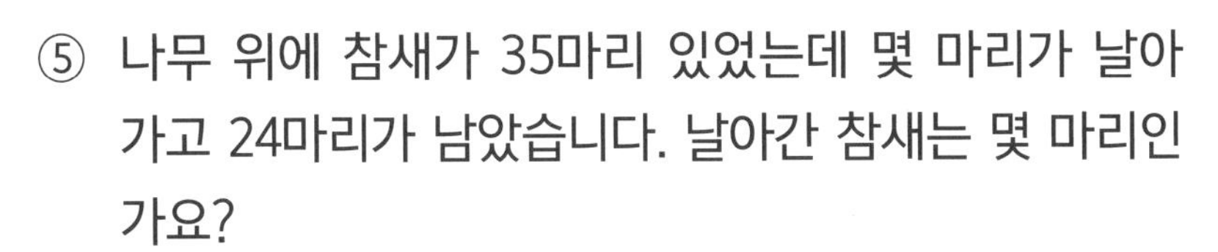

⑤ 나무 위에 참새가 35마리 있었는데 몇 마리가 날아 가고 24마리가 남았습니다. 날아간 참새는 몇 마리인가요?

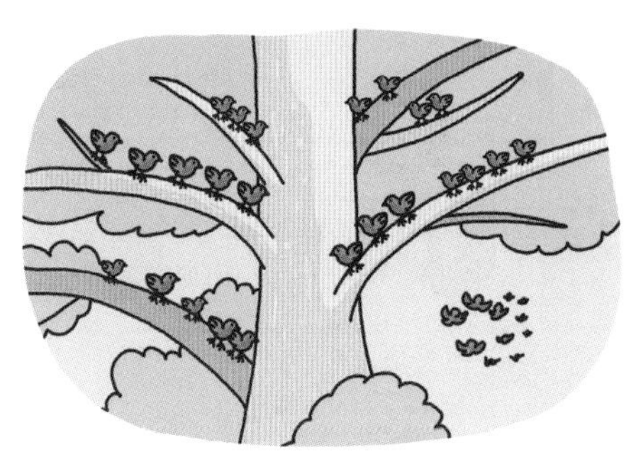

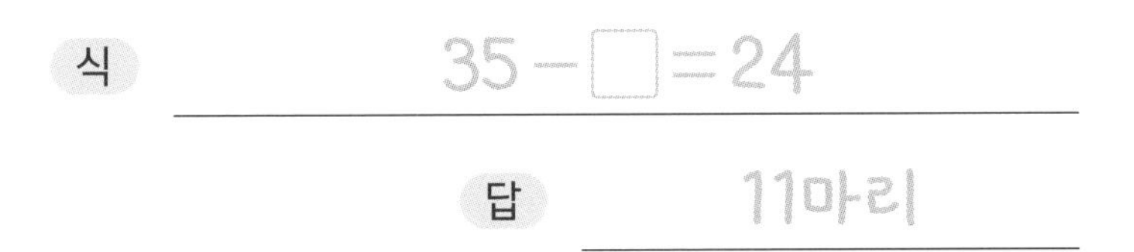

식 $35-\square=24$

답 11마리

⑥ 냉장고에 달걀이 53개 있었는데 요리하는 데 몇 개를 사용했더니 18개가 남았습니다. 요리하는 데 사용한 달걀은 몇 개인가요?

식 ______________________ 답 ______________

⑦ 색연필이 40자루 있었는데 몇 자루를 친구에게 주었더니 25자루가 남았습니다. 친구에게 준 색연필은 몇 자루인가요?

식 ______________________ 답 ______________

⑧ 장우네 집에는 휴지가 81개 있었습니다. 한 달 동안 몇 개를 사용했더니 64개가 남았습니다. 한 달 동안 사용한 휴지는 몇 개인가요?

식 ______________________ 답 ______________

1 일차

026 단계 같은 수를 여러 번 더하기

몇씩 몇 묶음

① 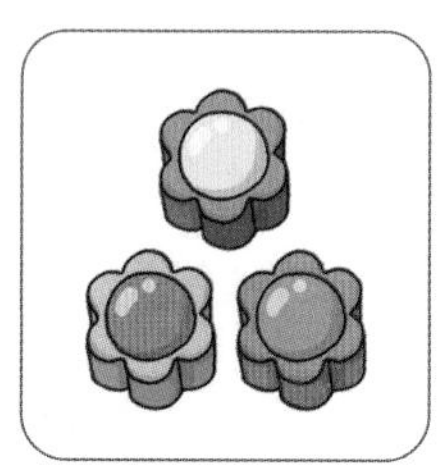 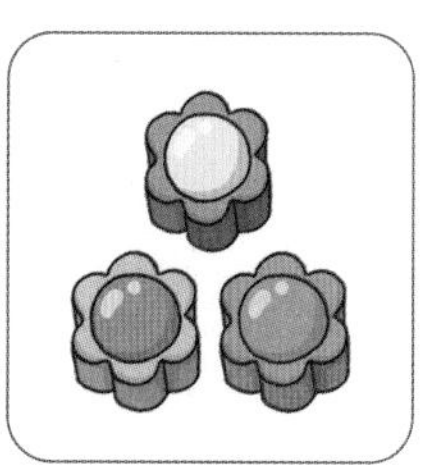 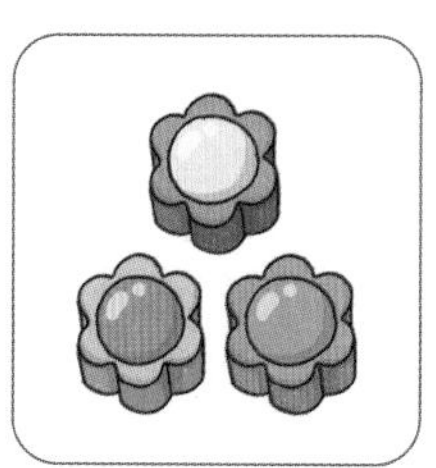

3개씩 3묶음이면 3을 3번 더하는 것과 같습니다.

3 + 3 + 3 = 9

공깃돌은 3개씩 3 묶음이므로 9 개입니다.

②   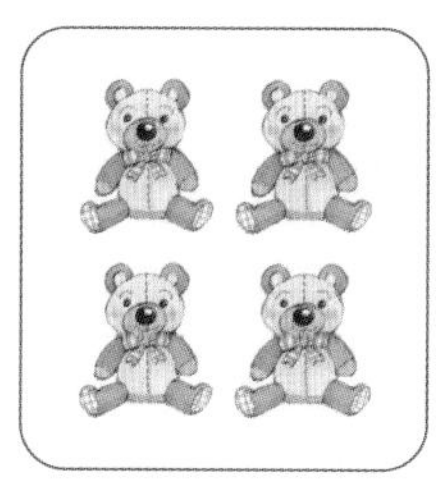 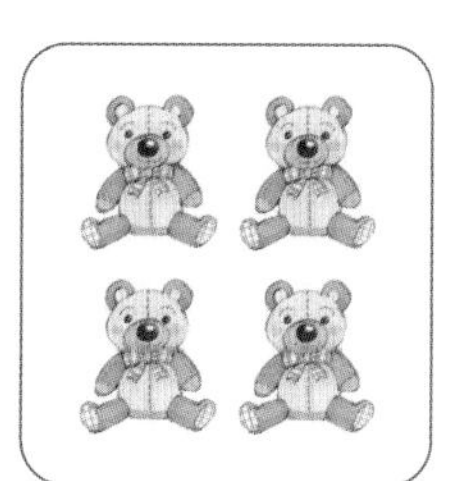 

□ + □ + □ + □ + □ = □

곰 인형은 4개씩 □ 묶음이므로 □ 개입니다.

③ 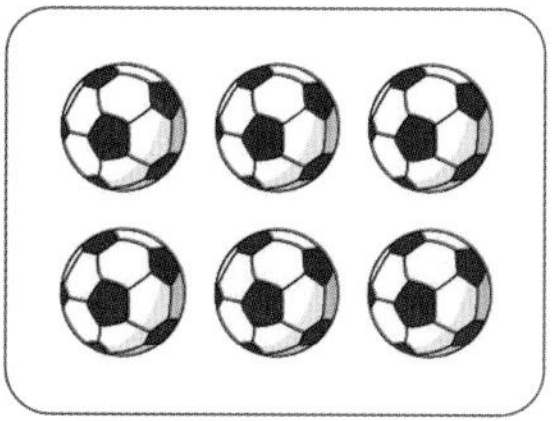   

□ + □ + □ + □ = □

축구공은 6개씩 □ 묶음이므로 □ 개입니다.

④ 수박이 2통씩 3묶음 있습니다. 수박은 모두 몇 통인가요?

식 2+2+2=6 답 6통

⑤ 색종이가 7장씩 2묶음 있습니다. 색종이는 모두 몇 장인가요?

식 ______ 답 ______

⑥ 동화책이 5권씩 7묶음 있습니다. 동화책은 모두 몇 권인가요?

식 ______ 답 ______

⑦ 과자가 9개씩 3묶음 있습니다. 과자는 모두 몇 개인가요?

식 ______ 답 ______

⑧ 칫솔이 8개씩 4묶음 있습니다. 칫솔은 모두 몇 개인가요?

식 ______ 답 ______

2 일차

026 단계 같은 수를 여러 번 더하기

몇의 몇 배

①

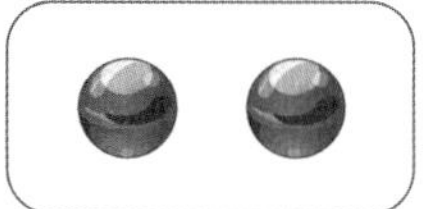  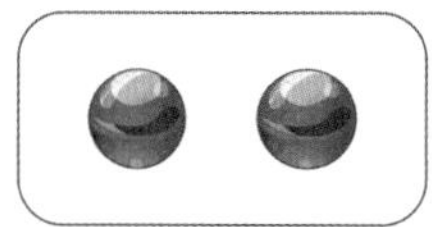 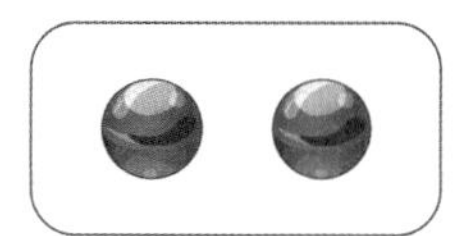

> 2+2+2+2=8
> 2씩 4묶음은
> 2의 4배와 같습니다.

2씩 [4] 묶음은 [8] 입니다.

2의 [4] 배는 [8] 입니다.

②

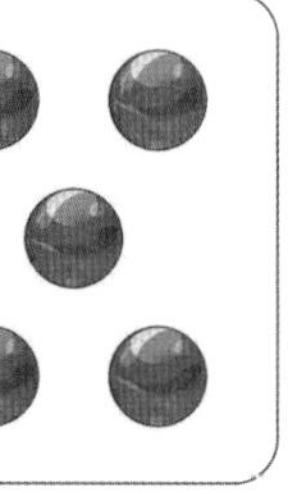 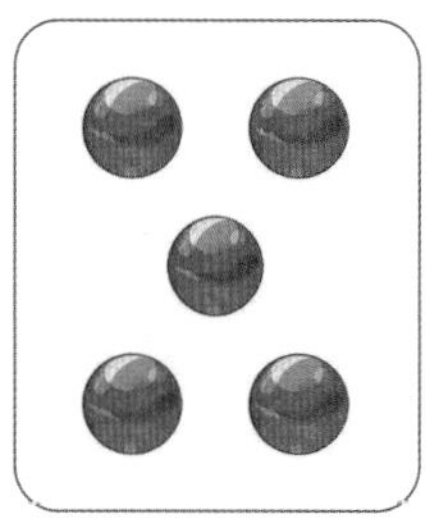 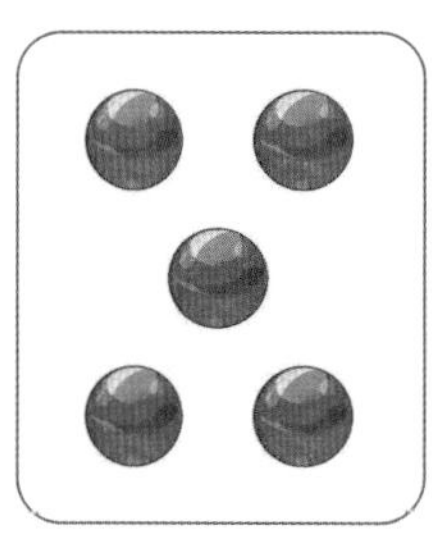 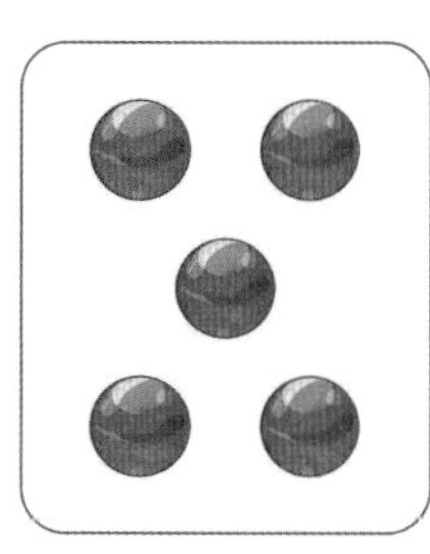 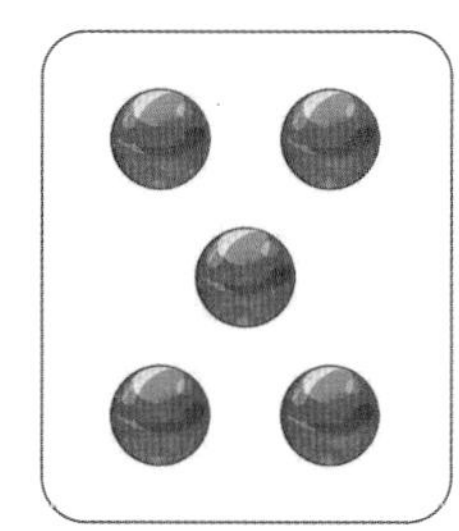

5씩 □ 묶음은 □ 입니다.

5의 □ 배는 □ 입니다.

③

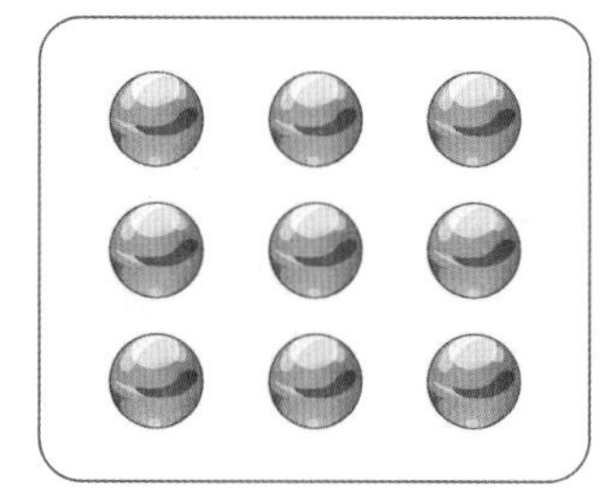 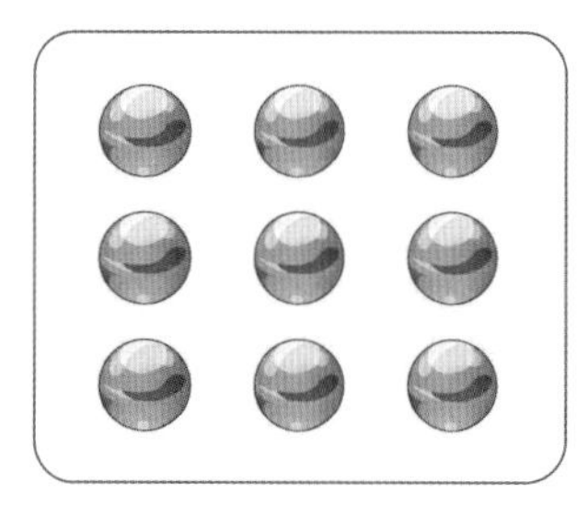 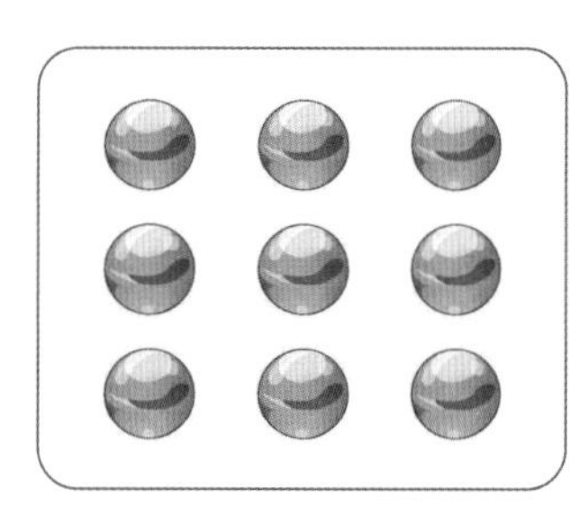

9씩 □ 묶음은 □ 입니다.

9의 □ 배는 □ 입니다.

④ 닭이 3마리 있고, 병아리의 수는 닭의 수의 5배입니다. 병아리는 몇 마리인가요?

식 3+3+3+3+3=15

답 15마리

⑤ 사탕이 7개 있고, 초콜릿의 수는 사탕의 수의 4배입니다. 사탕은 몇 개인가요?

식

답

⑥ 트럭이 8대 있고, 버스의 수는 트럭의 수의 3배입니다. 버스는 몇 대인가요?

식

답

⑦ 나비가 6마리 있고, 벌의 수는 나비의 수의 7배입니다. 벌은 몇 마리인가요?

식

답

⑧ 당근이 4개 있고, 오이의 수는 당근의 수의 6배입니다. 오이는 몇 개인가요?

식

답

3 일차

026 단계

같은 수를 여러 번 더하기

곱셈식으로 나타내기

①

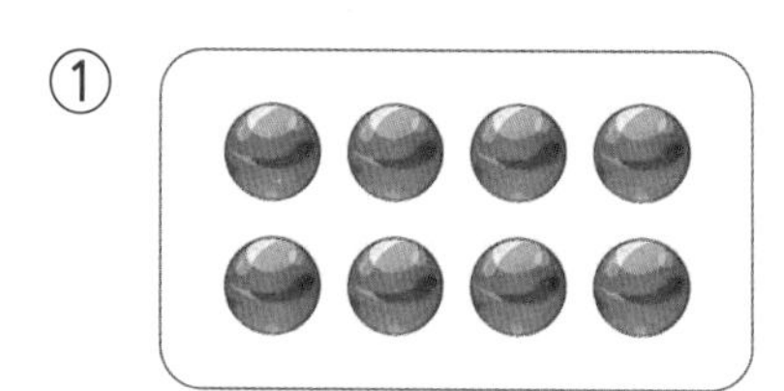
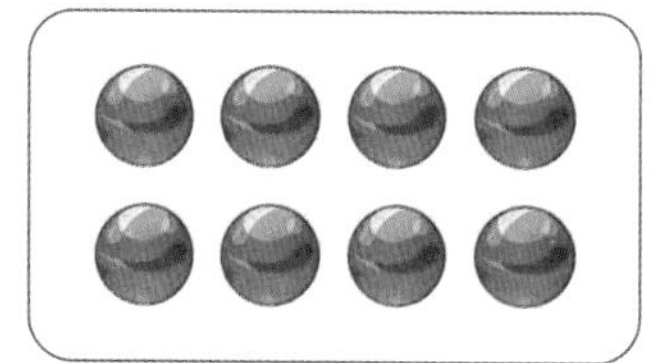
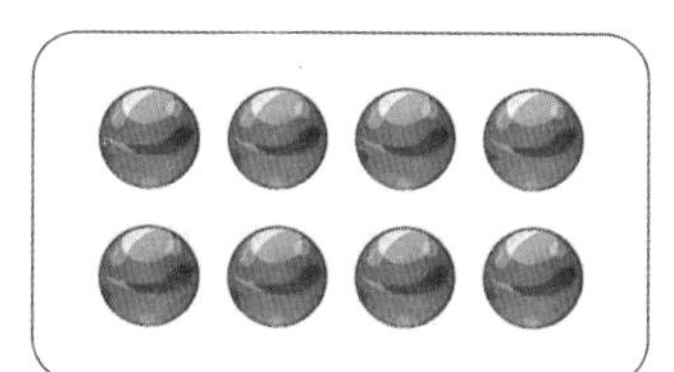

8+8+8=24
⇨ 8×3=24

8씩 3 묶음

8의 3 배

⇨ 8 × 3 = 24

②

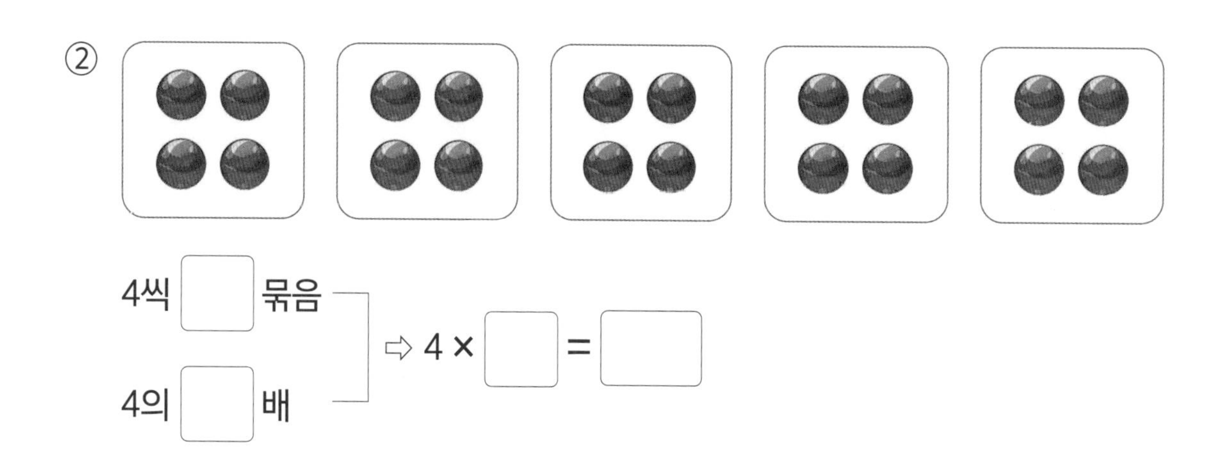

4씩 ☐ 묶음

4의 ☐ 배

⇨ 4 × ☐ = ☐

③

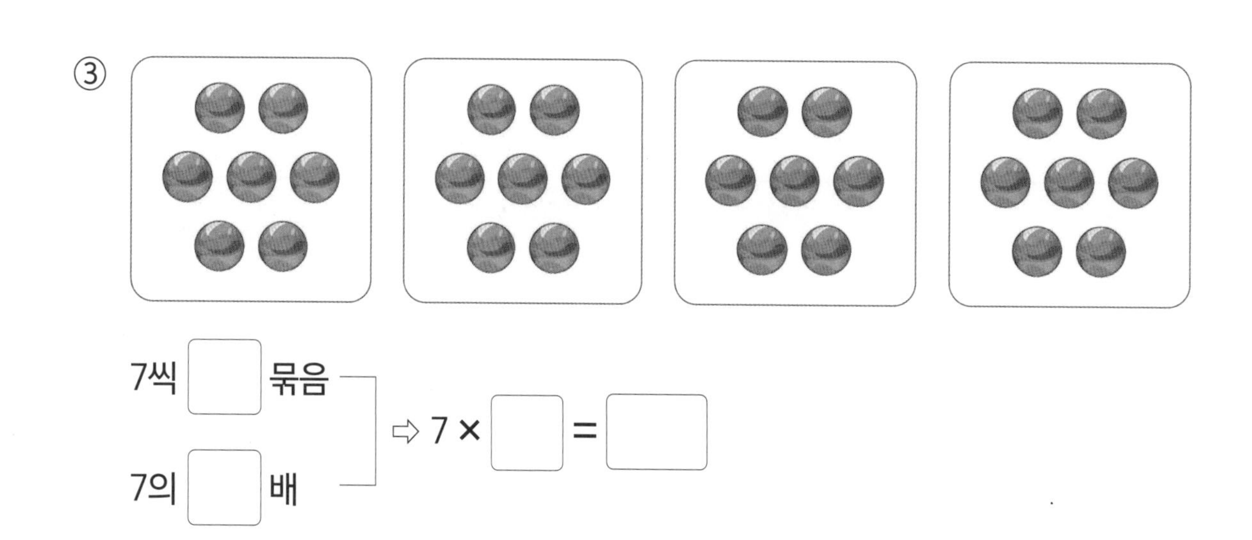

7씩 ☐ 묶음

7의 ☐ 배

⇨ 7 × ☐ = ☐

④ 사과가 6개씩 5묶음 있습니다. 사과는 모두 몇 개인가요?

식 $6 \times 5 = 30$ 답 30개

⑤ 볼펜이 2자루 있고, 연필의 수는 볼펜의 수의 7배입니다. 연필은 몇 자루인가요?

식 답

⑥ 풍선이 9개씩 4묶음 있습니다. 풍선은 모두 몇 개인가요?

식 답

⑦ 만화책이 3권 있고, 동화책의 수는 만화책의 수의 9배입니다. 동화책은 몇 권인가요?

식 답

⑧ 막대 사탕이 5개씩 8묶음 있습니다. 막대 사탕은 모두 몇 개인가요?

식 답

027 단계 2, 5, 3, 4의 단 곱셈구구

몇씩 몇 묶음 ①

① 2씩 5묶음은 얼마인가요?

식 [2] × [5] = [10]

답 10

② 5씩 7묶음은 얼마인가요?

식 [ ] × [ ] = [ ]

답

③ 해바라기가 3송이씩 8묶음 있습니다. 해바라기는 모두 몇 송이인가요?

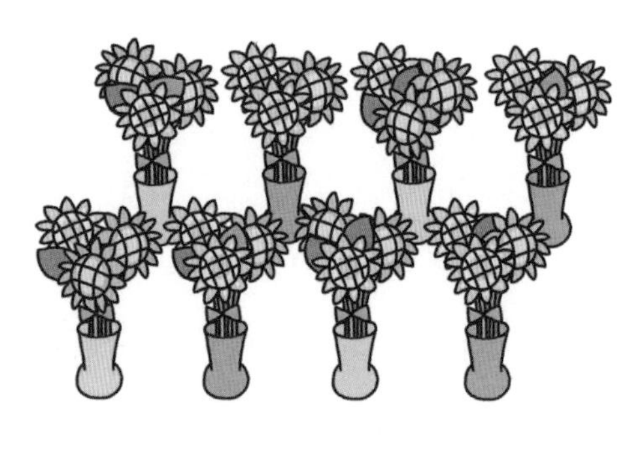

식

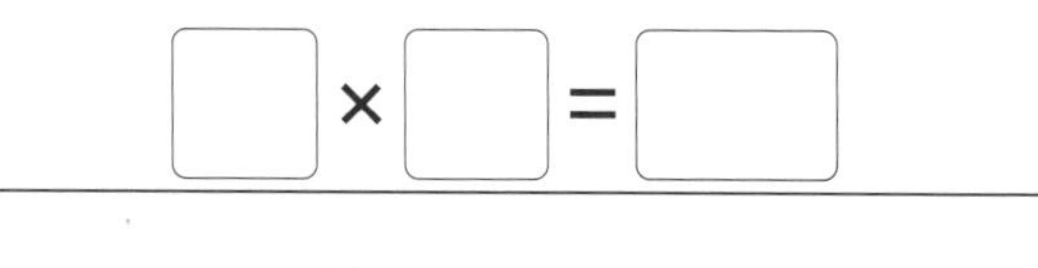

[ ] × [ ] = [ ]

답

④ 스티커가 4장씩 6묶음 있습니다. 스티커는 모두 몇 장인가요?

식 [ ] × [ ] = [ ]

답

⑤ 과일 가게에 복숭아가 3개씩 6줄로 놓여 있습니다. 복숭아는 모두 몇 개인가요?

식 ______________________ 답 ______________

⑥ 음식물 쓰레기봉투가 5장씩 4묶음 있습니다. 음식물 쓰레기봉투는 모두 몇 장인가요?

식 ______________________ 답 ______________

⑦ 어떤 놀이공원의 롤러코스터는 의자가 2개씩 9줄로 되어 있습니다. 이 롤러코스터의 의자는 모두 몇 개인가요?

식 ______________________

답 ______________

⑧ 쿠키를 4개씩 7봉지에 나누어 담으려고 합니다. 쿠키는 모두 몇 개가 필요한가요?

식 ______________________ 답 ______________

2 일차

027단계 2, 5, 3, 4의 단 곱셈구구

몇씩 몇 묶음 ②

① 한 통의 무게가 4 kg인 수박 7통의 무게는 모두 몇 kg인가요?

(kg은 킬로그램이라고 읽습니다.)

식 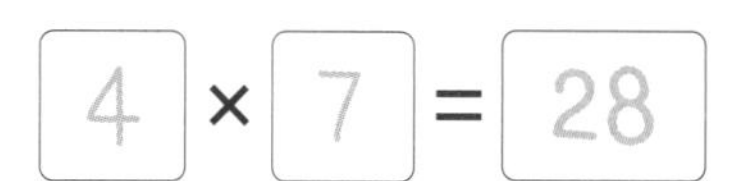
4 × 7 = 28

답 28 kg

② 새의 다리는 2개입니다. 새 8마리의 다리는 모두 몇 개인가요?

식 □ × □ = □

답

③ 장갑 한 짝의 손가락은 5개입니다. 장갑 6짝의 손가락은 모두 몇 개인가요?

식 □ × □ = □

답

④ 삼각형의 변의 수는 3개입니다. 삼각형 4개의 변의 수는 모두 몇 개인가요?

식 □ × □ = □

답

⑤ 치킨 한 마리에 닭다리가 2개씩 있습니다. 치킨 9마리에 있는 닭다리는 모두 몇 개인가요?

식 ______________________ 답 ______________

⑥ 공원에 3명씩 앉을 수 있는 긴 의자가 6개 있습니다. 모두 몇 명이 앉을 수 있나요?

식 ______________________

답 ______________

⑦ 연필이 한 통에 4자루씩 들어 있습니다. 5통에 들어 있는 연필은 모두 몇 자루인가요?

식 ______________________ 답 ______________

⑧ 한 팀에 선수가 5명씩 있습니다. 8팀이 모여서 농구 경기를 한다면 선수는 모두 몇 명인가요?

식 ______________________ 답 ______________

3 일차 · 027 단계 2, 5, 3, 4의 단 곱셈구구

몇의 몇 배

① 4의 5배는 얼마인가요?

식 $4 \times 5 = 20$

20

② 3의 7배는 얼마인가요?

식 $\square \times \square = \square$

답 ____________

③ 테이블이 2개 있고, 의자의 수는 테이블의 수의 6배 입니다. 의자는 몇 개인가요?

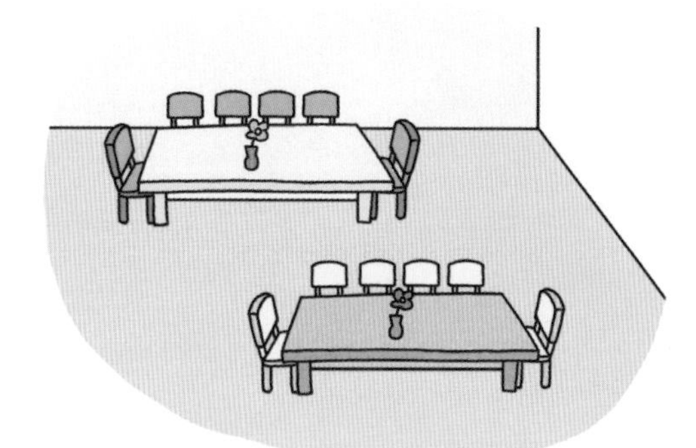

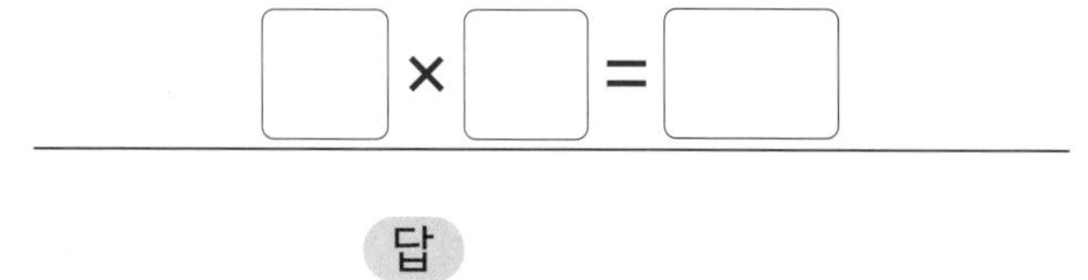

④ 가위가 5개 있고, 딱풀의 수는 가위의 수의 3배입니다. 딱풀은 몇 개인가요?

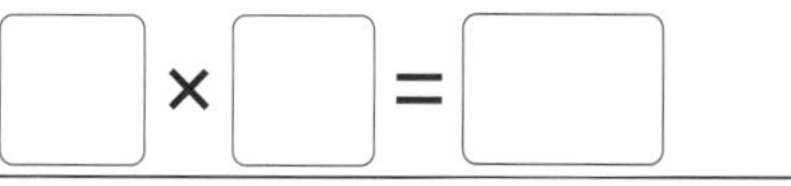

답 ____________

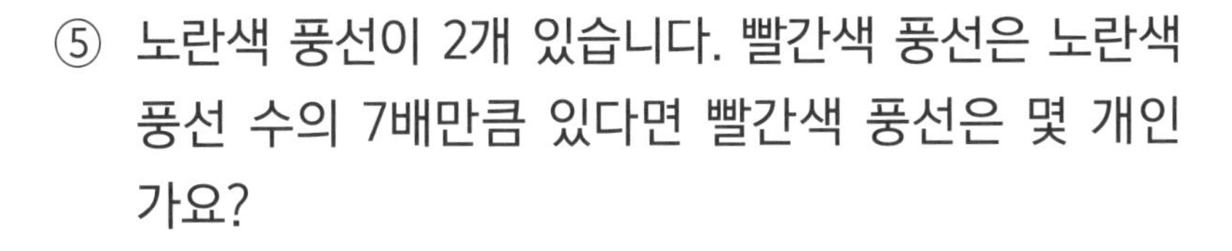

⑤ 노란색 풍선이 2개 있습니다. 빨간색 풍선은 노란색 풍선 수의 7배만큼 있다면 빨간색 풍선은 몇 개인가요?

식 ____________________

답 ____________

⑥ 킥보드가 4대 있습니다. 자전거는 킥보드 수의 4배만큼 있다면 자전거는 몇 대인가요?

식 ____________________ 답 ____________

⑦ 소미는 블록을 5개 가지고 있고, 연희는 소미가 가진 블록 수의 6배만큼 가지고 있습니다. 연희가 가진 블록은 몇 개인가요?

식 ____________________ 답 ____________

⑧ 서린이는 호두를 어제는 3개 먹었고, 오늘은 어제 먹은 호두 수의 4배만큼 먹었습니다. 서린이가 오늘 먹은 호두는 몇 개인가요?

식 ____________________ 답 ____________

028 단계 6, 7, 8, 9의 단 곱셈구구

몇씩 몇 묶음 ①

① 6씩 5묶음은 얼마인가요?

 식 6 × 5 = 30  답 30

② 7씩 6묶음은 얼마인가요?

식 □ × □ = □ 답 ______

③ 달걀이 8개씩 3묶음 있습니다. 달걀은 모두 몇 개인가요?

 식 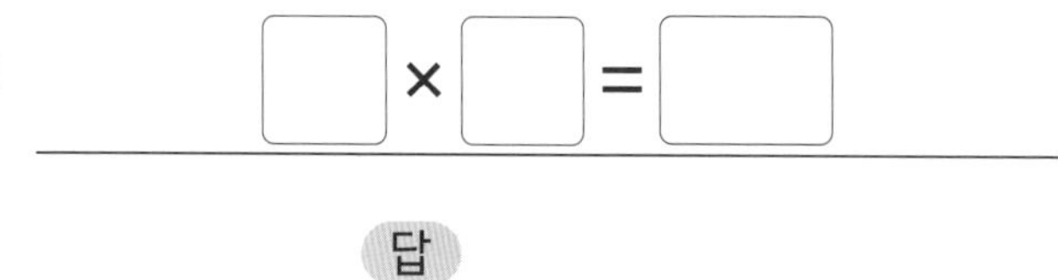

 답 ______

④ 음료수가 9캔씩 4묶음 있습니다. 음료수는 모두 몇 캔인가요?

식 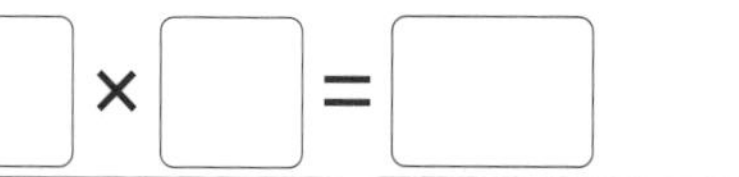 답 ______

⑤ 빵 가게에 단팥빵이 8개씩 5상자 있습니다. 빵 가게에 있는 단팥빵은 모두 몇 개인가요?

식 ______________________ 답 ______________

⑥ 마트에서 양송이를 6개씩 3묶음 샀습니다. 마트에서 산 양송이는 모두 몇 개인가요?

식 ______________________ 답 ______________

⑦ 밭에 고추 모종을 한 줄에 9개씩 6줄 심었습니다.
밭에 심은 고추 모종은 모두 몇 개인가요?

식 ______________________

답 ______________

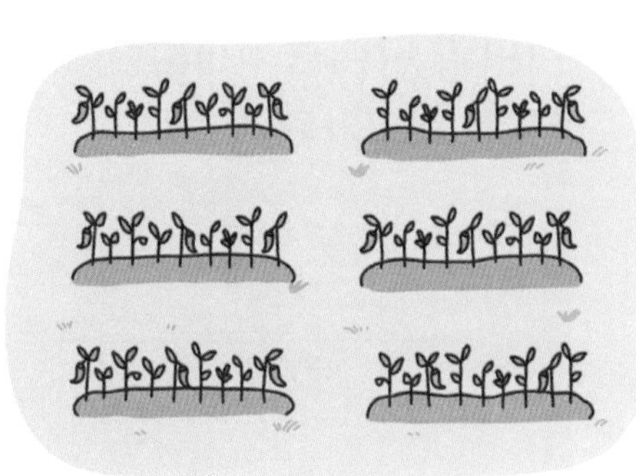

⑧ 색종이를 7장씩 4사람에게 나누어 주려고 합니다. 색종이는 모두 몇 장이 필요한가요?

식 ______________________ 답 ______________

2 일차 028 단계

6, 7, 8, 9의 단 곱셈구구

몇씩 몇 묶음 ②

① 일주일은 7일입니다. 3주일은 며칠인가요?

식 7 × 3 = 21　　답 21일

② 한 모둠에 9명씩 있습니다. 4모둠은 모두 몇 명인가요?

식 □ × □ = □　　답 ______

③ 거미의 다리는 8개입니다. 거미 5마리의 다리는 모두 몇 개인가요?

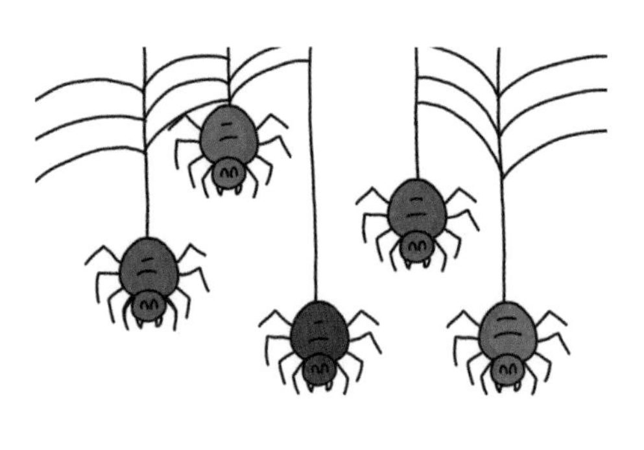

식

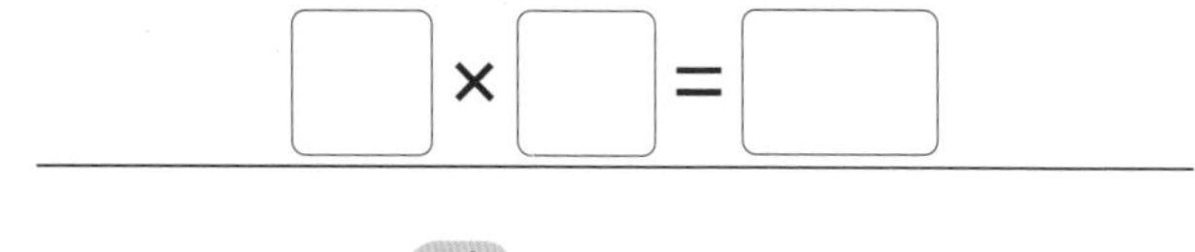

답 ______

④ 주사위에는 6개의 면이 있습니다. 주사위 7개의 면은 모두 몇 개인가요?

식

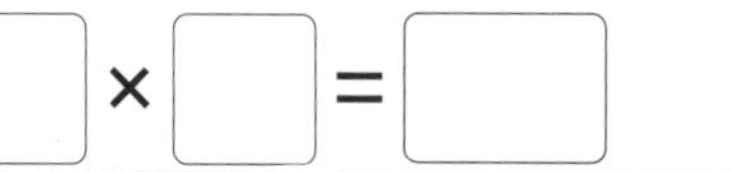

답 ______

⑤ 참외가 한 상자에 6개씩 들어 있습니다. 5상자에 들어 있는 참외는 모두 몇 개인가요?

식 ______________________ 답 ______________

⑥ 팔찌 한 개에 구슬이 9개씩 있습니다. 팔찌 8개에 있는 구슬은 모두 몇 개인가요?

식 ______________________

답 ______________

⑦ 굴비가 한 줄에 7마리씩 묶여 있습니다. 9줄에 묶여 있는 굴비는 모두 몇 마리인가요?

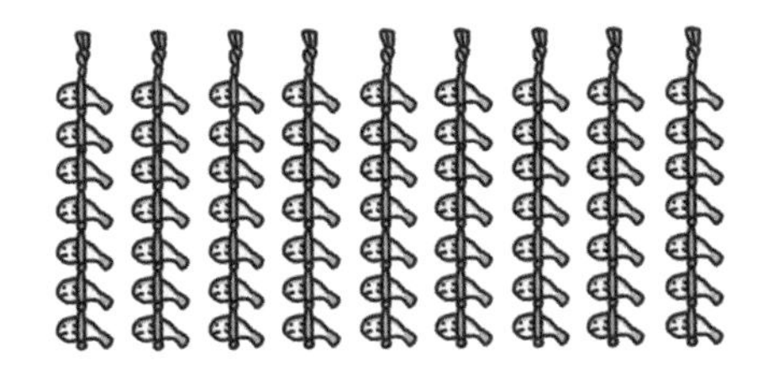

식 ______________________

답 ______________

⑧ 수현이는 수학 문제를 매일 8문제씩 풀었습니다. 수현이가 7일 동안 푼 수학 문제는 모두 몇 문제인가요?

식 ______________________ 답 ______________

3 일차

028 단계 6, 7, 8, 9의 단 곱셈구구

몇의 몇 배

① 7의 7배는 얼마인가요?

식 7 × 7 = 49

답 49

② 9의 7배는 얼마인가요?

식 □ × □ = □

답 ______

③ 소가 6마리 있고, 돼지의 수는 소의 수의 6배입니다. 돼지는 몇 마리인가요?

식 □ × □ = □

답 ______

④ 농구공이 8개 있고, 배구공의 수는 농구공의 수의 6배입니다. 배구공은 몇 개인가요?

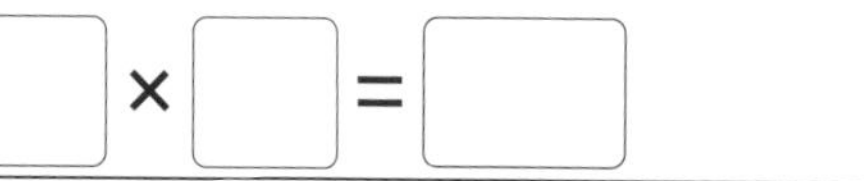

식 □ × □ = □

답 ______

⑤ 민호의 나이는 9살입니다. 아버지의 나이는 민호의 나이의 5배입니다. 아버지의 나이는 몇 살인가요?

식 ______________________ 답 ______________

⑥ 개미의 다리는 6개입니다. 지네의 다리는 개미 다리 수의 8배만큼 있습니다. 이 지네의 다리는 몇 개인가요?

식 ______________________ 답 ______________

⑦ 연습장에 세모를 8개 그리고, 동그라미를 세모의 수의 4배만큼 그렸습니다. 연습장에 그린 동그라미는 몇 개인가요?

식 ______________________

답 ______________

⑧ 꼬마김밥을 은정이는 7개 먹었고, 현수는 은정이가 먹은 수의 3배만큼 먹었습니다. 현수가 먹은 꼬마김밥은 몇 개인가요?

식 ______________________ 답 ______________

1 일차

029 단계

곱셈구구 종합 ①

몇씩 몇 묶음 ①

① 새장 한 개에 새가 1마리씩 들어 있습니다. 새장 7개에 들어 있는 새는 모두 몇 마리인가요?

식 ______________________

답 ______________

② 공책을 2권씩 8명의 어린이에게 나누어 주었습니다. 나누어 준 공책은 모두 몇 권인가요?

식 ______________________ 답 ______________

③ 동우는 우표를 한 쪽에 6장씩 5쪽 모았습니다. 동우가 모은 우표는 모두 몇 장인가요?

식 ______________________ 답 ______________

④ 박물관에 어린이들이 한 번에 5명씩 7회 입장하였습니다. 박물관에 입장한 어린이들은 모두 몇 명인가요?

식 ______________________ 답 ______________

⑤ 문구점에 지우개가 8개씩 들어 있는 상자가 9개 있습니다. 문구점에 있는 지우개는 모두 몇 개인가요?

식 ____________________ 답 ____________

⑥ 생선 가게에서 한 상자에 4마리씩 들어 있는 꽃게를 6상자 팔았습니다. 생선 가게에서 판 꽃게는 모두 몇 마리인가요?

식 ____________________ 답 ____________

⑦ 수민이는 책을 책꽂이 한 칸에 9권씩 4칸에 꽂았습니다. 수민이가 꽂은 책은 모두 몇 권인가요?

식 ____________________ 답 ____________

⑧ 연정이네 반은 운동장에서 짝짓기 놀이를 하고 있습니다. 3명씩 짝을 지으면 8팀이 됩니다. 연정이네 반 학생은 모두 몇 명인가요?

식 ____________________

답 ____________

2 일차

029 단계

곱셈구구 종합 ①

몇씩 몇 묶음 ②

① 접시꽃 한 송이에 꽃잎이 5장씩 있습니다. 접시꽃 8송이에 있는 꽃잎은 모두 몇 장인가요?

식 ____________________ 답 ____________

② 은수는 종이배를 매일 2개씩 접었습니다. 은수가 5일 동안 접은 종이배는 모두 몇 개인가요?

식 ____________________

답 ____________

③ 9명씩 한 개의 팀을 이루어 야구 경기를 하려고 합니다. 6팀이 참가하였다면 선수는 모두 몇 명인가요?

식 ____________________ 답 ____________

④ 기탄 카페에는 한 테이블에 의자가 4개씩 놓여 있습니다. 기탄 카페에 테이블이 7개 있다면 의자는 모두 몇 개인가요?

식 ____________________ 답 ____________

⑤ 피자 한 판이 8조각으로 나누어져 있습니다. 피자가 4판 있다면 피자는 모두 몇 조각으로 나누어져 있나요?

식 ______________________ 답 ______________

⑥ 어머니께서는 매일 3분씩 명상의 시간을 가집니다. 일주일 동안 하루도 빠지지 않고 명상의 시간을 가졌다면 모두 몇 분인가요?

식 ______________________ 답 ______________

⑦ 마카롱 가게에서 마카롱을 한 상자에 6개씩 담아 팔고 있습니다. 9상자를 팔았다면 판 마카롱은 모두 몇 개인가요?

식 ______________________

답 ______________

⑧ 리본을 하나 만드는 데 색 테이프가 7 cm 필요합니다. 리본 8개를 만드는 데 필요한 색 테이프는 모두 몇 cm인가요?

식 ______________________ 답 ______________

029 단계 곱셈구구 종합 ①

몇의 몇 배

① 헬리콥터가 5대 있고, 비행기의 수는 헬리콥터의 수의 7배입니다. 비행기는 몇 대인가요?

식 ______________________

답 ____________

② 새의 다리는 2개이고, 게의 다리의 수는 새의 다리의 수의 5배입니다. 게의 다리는 몇 개인가요?

식 ______________________ 답 ____________

③ 깃발을 연우는 1개 가지고 있고, 대호는 연우가 가진 깃발 수의 4배만큼 가지고 있습니다. 대호가 가진 깃발은 몇 개인가요?

식 ______________________ 답 ____________

④ 내 동생의 나이는 7살입니다. 어머니의 나이는 내 동생의 나이의 6배입니다. 어머니의 나이는 몇 살인가요?

식 ______________________ 답 ____________

⑤ 대훈이는 딱지 9장을 가지고 있었습니다. 오늘 딱지치기에서 가지고 있는 딱지의 수의 2배만큼 땄습니다. 대훈이가 오늘 딴 딱지는 몇 장인가요?

식 ______________________ 답 ______________

⑥ 보람이는 젤리를 3개 먹었습니다. 세영이는 보람이가 먹은 젤리의 수의 4배만큼 먹었습니다. 세영이가 먹은 젤리는 몇 개인가요?

식 ______________________

답 ______________

⑦ A 가게에서는 사과 8상자를 팔았습니다. B 가게에서는 A가게에서 판 사과 상자의 수의 3배만큼 팔았습니다. B 가게에서 판 사과는 몇 상자인가요?

식 ______________________ 답 ______________

⑧ 수지는 문제집을 6쪽 풀었습니다. 승호는 수지가 푼 문제집 쪽수의 5배만큼 풀었습니다. 승호가 푼 문제집 쪽수는 몇 쪽인가요?

식 ______________________ 답 ______________

1 일차

030 단계 곱셈구구 종합 ②

(몇)×□, □×(몇)

① 2 × 7 = 14

2에 7 을 곱하였더니 14가 되었습니다.

2×1=2, 2×2=4,
2×3=6, 2×4=8,
2×5=10, 2×6=12,
2×7=14

② 

5 × □ = 30

5에 □ 을 곱하였더니 30이 되었습니다.

③ 9 × 3 = 27

9 에 3을 곱하였더니 27이 되었습니다.

④ □ × 8 = 48

□ 에 8을 곱하였더니 48이 되었습니다.

⑤ 7에 어떤 수를 곱하였더니 35가 되었습니다. 어떤 수는 얼마인가요?

식 $7 \times \square = 35$ 답 5

⑥ 4에 어떤 수를 곱하였더니 28이 되었습니다. 어떤 수는 얼마인가요?

식 답

⑦ 어떤 수에 5를 곱하였더니 40이 되었습니다. 어떤 수는 얼마인가요?

식

답

⑧ 어떤 수에 9를 곱하였더니 27이 되었습니다. 어떤 수는 얼마인가요?

식 답

030 단계 곱셈구구 종합 ②

□가 있는 곱셈 (1)

① 한 명이 6장씩 가지고 있는 만화 캐릭터 카드를 모두 모았더니 42장이었습니다. 몇 명의 만화 캐릭터 카드를 모았나요?

식 $6 \times \square = 42$ 답 7명

② 민주는 하루에 달리기를 2번씩 합니다. 민주가 달리기를 모두 12번 했다면 달리기를 며칠 동안 했나요?

식 ______ 답 ______

③ 개구리 한 마리의 다리는 4개입니다. 개구리의 다리가 모두 28개라면 개구리는 몇 마리인가요?

식 ______ 답 ______

④ 놀이터에 있는 세발자전거의 바퀴 수는 모두 24개입니다. 놀이터에 있는 세발자전거는 몇 대인가요?

식 ______ 답 ______

⑤ 과일 가게에서 한 상자에 5송이씩 들어 있는 포도를 모두 35송이 팔았습니다. 과일 가게에서 판 포도는 몇 상자인가요?

식

답

⑥ 초콜릿을 한 봉지에 8개씩 넣으려고 합니다. 초콜릿이 64개 있다면 몇 봉지가 필요한가요?

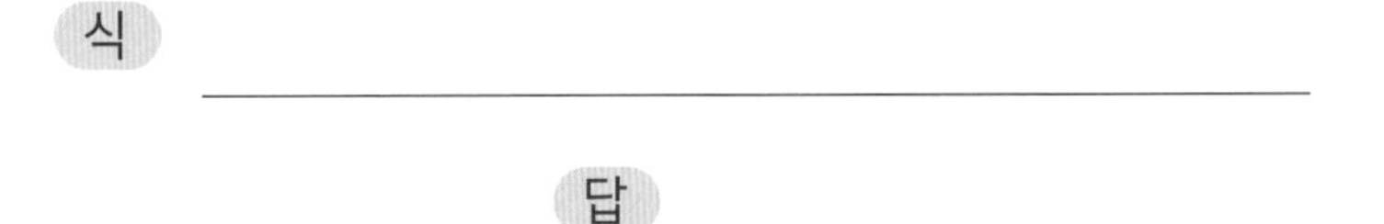

식

답

⑦ 강당에 학생들이 한 줄에 7명씩 모두 63명이 서 있습니다. 학생들은 몇 줄 서 있나요?

식

답

⑧ 놀이기구에 어린이를 한 번에 9명씩 태우려고 합니다. 어린이 45명이 타려면 놀이기구를 몇 번 움직여야 하나요?

식

답

030 단계 곱셈구구 종합 ②

□가 있는 곱셈 (2)

① 버스 2대에 18명이 똑같이 나누어 탔습니다. 버스 한 대에 몇 명씩 탔나요?

식 □ × 2 = 18

답 9명

② 단춧구멍의 수가 같은 단추가 9개 있습니다. 단춧구멍이 모두 36개라면 단추 한 개의 구멍은 몇 개인가요?

식

답

③ 방울토마토 모종을 줄마다 같은 수로 6줄 심었더니 심은 방울토마토 모종이 모두 30개입니다. 한 줄에 심은 방울토마토 모종은 몇 개인가요?

식

답

④ 튤립을 7개의 꽃병에 똑같이 나누어 꽂았더니 모두 56송이입니다. 꽃병 한 개에 꽂혀 있는 튤립은 몇 송이인가요?

식

답

⑤ 쌓기나무를 한 층에 같은 개수로 8층을 쌓았습니다. 쌓은 쌓기나무가 모두 48개일 때 한 층에 있는 쌓기나무는 몇 개인가요?

식 답

⑥ 도진이는 책을 매일 같은 쪽수로 9일 동안 읽었더니 읽은 쪽수가 63쪽이었습니다. 하루에 책을 몇 쪽씩 읽었나요?

식 답

⑦ 곶감을 8명의 어린이에게 똑같이 나누어 주려면 24개가 필요합니다. 어린이 한 명이 받게 되는 곶감은 몇 개인가요?

식

답

⑧ 은빈이는 매일 스티커를 몇 장씩 모으려고 합니다. 일주일 동안 스티커 35장을 모으려면 하루에 몇 장씩 모아야 하나요?

식 답

1 일차

031 단계

(세 자리 수)+(세 자리 수) ①

늘어난 값 구하기

① 저금통에 730원이 있었는데 150원을 더 저금했습니다. 저금통에 있는 돈은 모두 얼마인가요?

식 730 + 150 = 880 답 880원

(저금통에 있는 돈)
=(처음 저금통에 있던 돈)+(더 저금한 돈)
=730+150=880

② 도서관에 책이 824권 있었는데 244권을 더 샀습니다. 도서관에 있는 책은 모두 몇 권인가요?

③ 호수에 철새가 337마리 있었는데 잠시 후에 156마리가 더 날아왔습니다. 호수에 있는 철새는 모두 몇 마리인가요?

④ 과수원에서 오전에 딴 배는 275개였는데 잠시 쉬었다가 480개를 더 땄습니다. 과수원에서 딴 배는 모두 몇 개인가요?

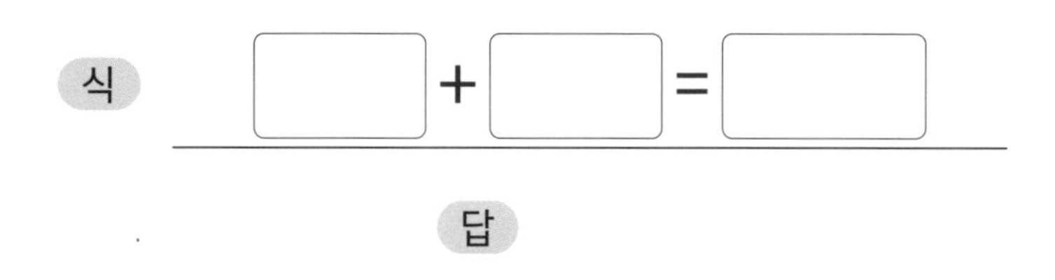

⑤ 현아는 색종이 417장을 가지고 있었는데 120장을 더 샀습니다. 현아가 가진 색종이는 모두 몇 장인가요?

식 ______ 답 ______

⑥ 대형 마트에 생수가 922병 있었는데 207병을 더 들여왔습니다. 대형 마트에 있는 생수는 모두 몇 병인가요?

식 ______ 답 ______

⑦ 주차장에 자동차가 352대 있었는데 375대가 더 들어왔습니다. 주차장에 있는 자동차는 모두 몇 대인가요?

식 ______

답 ______

⑧ 운동장에 273명의 학생이 줄을 서 있었는데 잠시 후에 118명이 더 와서 줄을 섰습니다. 운동장에 줄을 서 있는 학생은 모두 몇 명인가요?

식 ______ 답 ______

2 일차

031 단계

(세 자리 수)+(세 자리 수) ①

두 수의 합 구하기

① 미국으로 가는 비행기에 어른이 284명, 어린이가 107명 탔습니다. 이 비행기에 타고 있는 사람은 모두 몇 명인가요?

식 284 + 107 = 391 답 391명

(비행기에 타고 있는 사람 수)
=(어른의 수)+(어린이의 수)
=284+107=391

② 동물 농장에 소 123마리와 돼지 265마리가 있습니다. 동물 농장에 있는 소와 돼지는 모두 몇 마리인가요?

③ 빵 장수가 붕어빵을 447개, 계란빵을 380개 만들었습니다. 빵 장수가 만든 붕어빵과 계란빵은 모두 몇 개인가요?

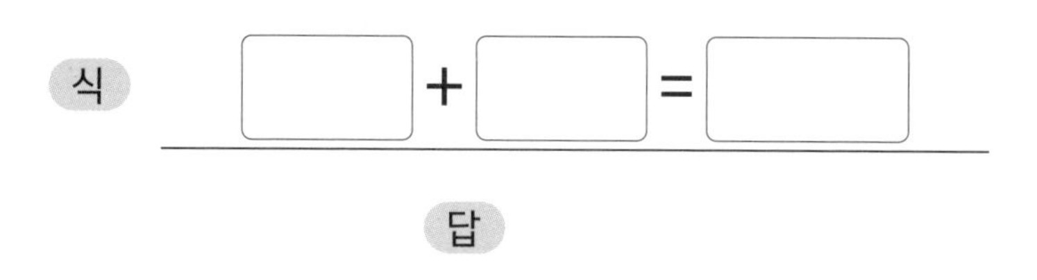

답

④ 창고에 쌀이 740 kg, 밀이 518 kg 있습니다. 창고에 있는 쌀과 밀은 모두 몇 kg인가요?
(kg은 킬로그램이라고 읽습니다.)

식 □ + □ = □ 답

⑤ 아람이는 도토리를 465개 주웠고, 다람이는 328개 주웠습니다. 두 사람이 주운 도토리는 모두 몇 개인가요?

식

답

⑥ 동물원에 청둥오리 232마리, 흰뺨오리 154마리가 있습니다. 동물원에 있는 청둥오리와 흰뺨오리는 모두 몇 마리인가요?

식

답

⑦ 슬기네 학교의 누리집 방문자가 어제는 651명, 오늘은 517명입니다. 어제와 오늘 이틀 동안의 슬기네 학교 누리집 방문자는 모두 몇 명인가요?

식

답

⑧ 인형 공장에서 지난달에 346개, 이번 달에 562개의 인형을 만들었습니다. 이 인형 공장에서 두 달 동안 만든 인형은 모두 몇 개인가요?

식

답

031 단계 (세 자리 수)+(세 자리 수) ①

더 많은 것의 수 구하기

① 공원에 참새가 129마리 있고, 비둘기는 참새보다 267마리 더 많습니다. 공원에 있는 비둘기는 몇 마리인가요?

식 129 + 267 = 396 답 396마리

(공원에 있는 비둘기 수)
=(공원에 있는 참새의 수)+(더 많은 비둘기의 수)
=129+267=396

② 오늘 극장에 연극을 보러 온 관객은 925명입니다. 어제는 오늘보다 134명이 더 많이 보았다면, 어제 연극을 본 관객은 몇 명인가요?

식 ☐ + ☐ = ☐ 답 ____

③ 과수원에 감나무가 410그루 있고, 사과나무는 감나무보다 295그루 더 많습니다. 과수원에 있는 사과나무는 몇 그루인가요?

식 ☐ + ☐ = ☐ 답 ____

④ 줄넘기를 민채는 342번 했고, 언니는 민채보다 117번 더 많이 했습니다. 언니는 줄넘기를 몇 번 했나요?

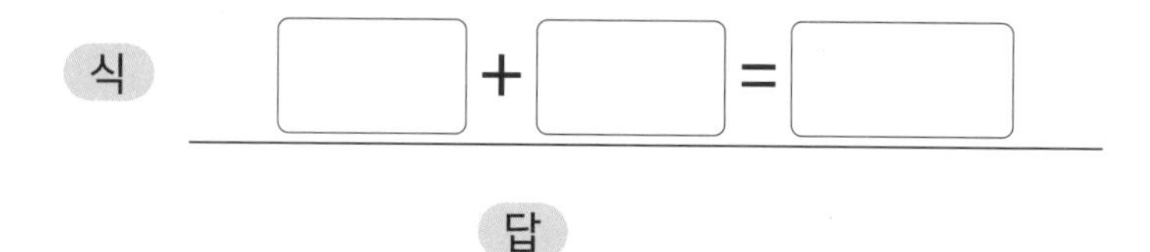

식 ☐ + ☐ = ☐

답 ____

⑤ 성수네 학교 학생은 모두 431명입니다. 우리 학교 학생은 성수네 학교 학생보다 126명이 더 많습니다. 우리 학교 학생은 몇 명인가요?

식 ______________________ 답 ______________

⑥ 동우는 스티커를 373장 모았고, 성민이는 동우보다 스티커를 255장 더 많이 모았습니다. 성민이가 모은 스티커는 몇 장인가요?

식 ______________________

답 ______________

⑦ 마트에 메추리알이 822개 있고, 달걀은 메추리알보다 307개 더 많습니다. 마트에 있는 달걀은 몇 개인가요?

식 ______________________ 답 ______________

⑧ 옷 가게에서 일주일 동안 판 바지는 268벌이고, 치마는 바지보다 216벌 더 많이 팔았습니다. 옷 가게에서 판 치마는 몇 벌인가요?

식 ______________________ 답 ______________

1 일차

032 단계 (세 자리 수)+(세 자리 수) ②

늘어난 값 구하기

① 나무의 키는 135 cm였는데 세 달 동안 186 cm 더 자랐습니다. 나무의 키는 몇 cm인가요?

식 135 + 186 = 321 답 321 cm

(나무의 키)
=(원래 나무의 키)+(세 달 동안 자란 나무의 키)
=135+186=321

② 소망이는 우표를 805장 가지고 있었는데 239장을 더 모았습니다. 소망이가 모은 우표는 모두 몇 장인가요?

식 □ + □ = □  답 ______

③ 병아리 936마리가 있었는데 182마리가 알에서 새로 태어났습니다. 병아리는 모두 몇 마리인가요?

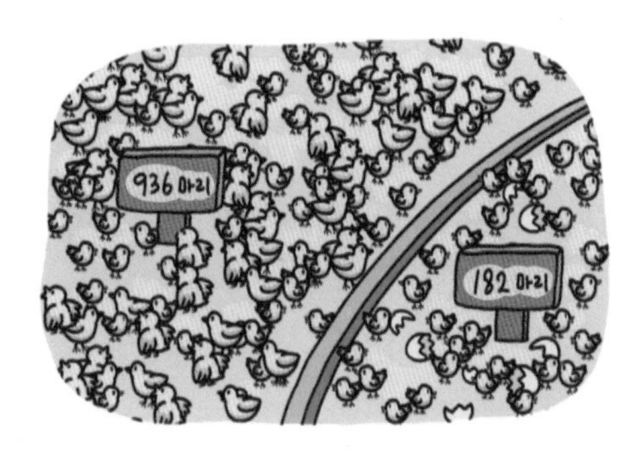

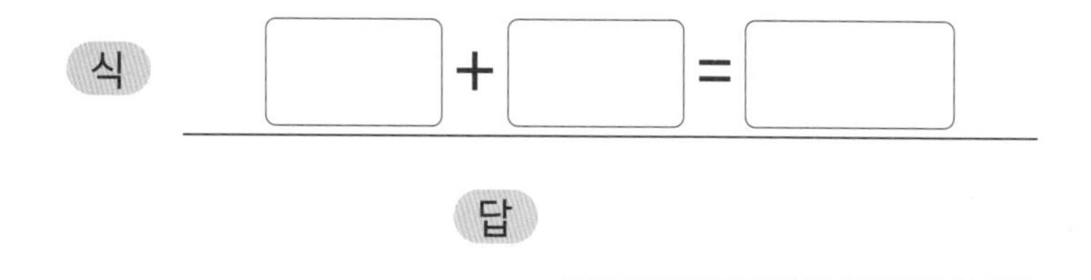
식 □ + □ = □

답 ______

④ 저금통에 동전이 739개 들어 있었는데 284개를 더 집어넣었습니다. 저금통에 있는 동전은 모두 몇 개인가요?

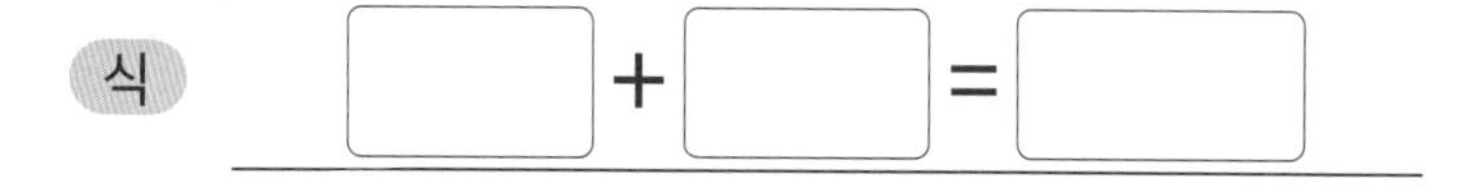
식 □ + □ = □ 답 ______

⑤ 야구 선수인 두준이는 지금까지 257개의 공을 던졌는데 154개를 더 던지려고 합니다. 두준이는 모두 몇 개의 공을 던지게 되나요?

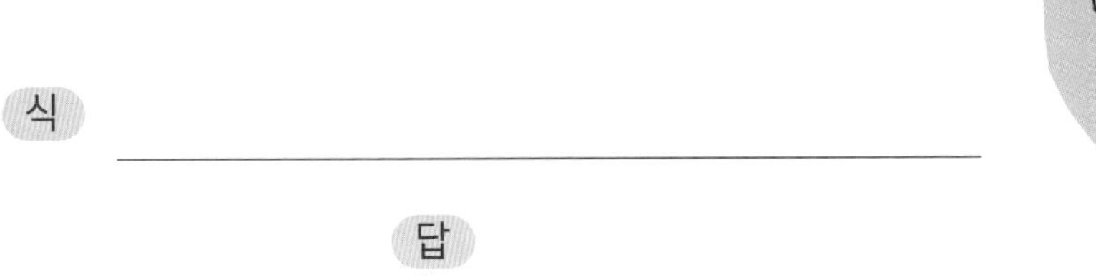

식 ____________________

답 ____________________

⑥ 연서는 만화책을 173쪽까지 읽었는데 129쪽을 더 읽으려고 합니다. 연서는 만화책을 몇 쪽까지 읽게 되나요?

식 ____________________

답 ____________________

⑦ 시온이는 지금까지 263개의 학알을 접었고 437개의 학알을 더 접으려고 합니다. 시온이는 모두 몇 개의 학알을 접게 되나요?

식 ____________________

답 ____________________

⑧ 금빛 마을에 684명이 살고 있었는데 368명이 더 이사 왔습니다. 금빛 마을에 살고 있는 사람은 모두 몇 명인가요?

식 ____________________

답 ____________________

2 일차

032 단계 (세 자리 수)+(세 자리 수) ②

★ 두 수의 합 구하기

① 영아는 가게에서 940원짜리 빵과 890원짜리 우유를 하나씩 샀습니다. 영아가 산 빵과 우유는 모두 얼마인가요?

식 940 + 890 = 1830 답 1830원

(빵과 우유의 값)
=(빵의 값)+(우유의 값)
=940+890=1830

② 보람 초등학교의 전교생은 756명이고, 소망 초등학교의 전교생은 647명입니다. 두 학교의 학생 수는 모두 몇 명인가요?

③ 오늘 수산시장에서는 오징어를 오전에 385마리, 오후에 268마리를 팔았습니다. 오늘 수산시장에서 판 오징어는 모두 몇 마리인가요?

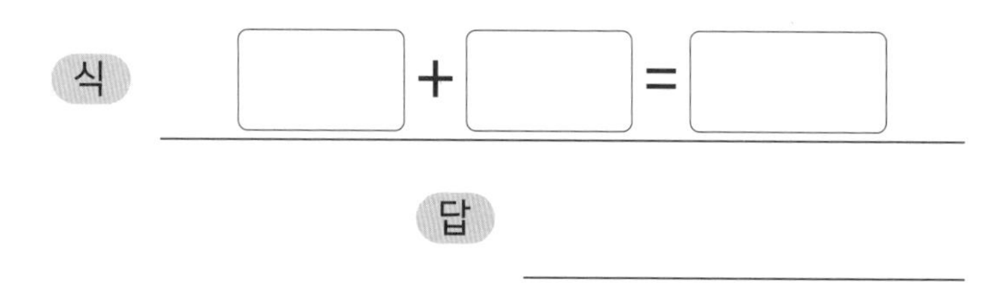

④ 역사 박물관에 방문한 사람이 어제는 483명, 오늘은 637명입니다. 이틀 동안 역사 박물관에 방문한 사람은 모두 몇 명인가요?

⑤ 지호는 하얀색 테이프 386 cm와 파란색 테이프 346 cm를 가지고 있습니다. 두 색 테이프를 겹치지 않게 이으면 모두 몇 cm가 되나요?

식 ____________ 답 ____________

⑥ 슬기 도서관에는 동화책이 850권 있고, 위인전이 494권 있습니다. 이 도서관에 있는 동화책과 위인전은 모두 몇 권인가요?

식 ____________ 답 ____________

⑦ 희수네 아파트에서는 빈 병을 이틀 동안 모았습니다. 첫째 날에는 438개, 둘째 날에는 776개를 모았습니다. 이틀 동안 모은 빈 병은 모두 몇 개인가요?

식 ____________

답 ____________

⑧ 집에서 마트까지의 거리는 615 m이고, 마트에서 공원까지의 거리는 568 m입니다. 집에서 마트를 거쳐 공원까지의 거리는 몇 m인가요?

식 ____________ 답 ____________

032 단계 (세 자리 수)+(세 자리 수) ②

더 많은 것의 수 구하기

① 만화책은 155쪽이고, 소설책은 만화책보다 198쪽 더 많습니다. 소설책은 몇 쪽인가요?

식 155 + 198 = 353　　답 353쪽

(소설책의 쪽수)
=(만화책의 쪽수)+(더 많은 쪽수)
=155+198=353

② 현준이가 가진 돈은 920원이고, 수연이가 가진 돈은 현준이보다 290원 더 많습니다. 수연이가 가진 돈은 얼마인가요?

③ 꽃밭에 흰 장미는 727송이 있고, 붉은 장미는 흰 장미보다 314송이 더 많습니다. 꽃밭에 있는 붉은 장미는 몇 송이인가요?

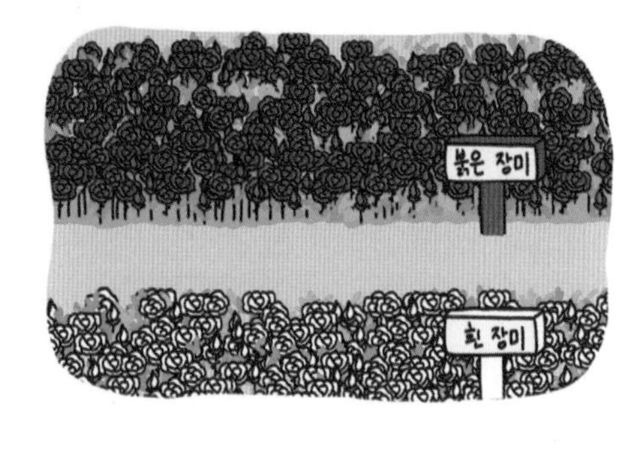

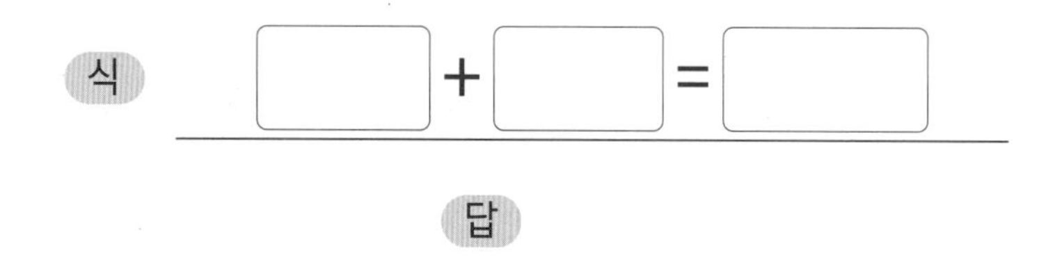

답

④ 종이학을 아린이는 388마리 접었고, 다현이는 아린이보다 123마리 더 많이 접었습니다. 다현이가 접은 종이학은 몇 마리인가요?

⑤ 둘레길에 은행나무가 289그루 있고, 전나무는 은행나무보다 174그루 더 많습니다. 둘레길에 있는 전나무는 몇 그루인가요?

식 ______________________ 답 ______________

⑥ 햄버거 가게에서는 불고기버거를 876개 팔았고, 치킨버거는 불고기버거보다 319개 더 많이 팔았습니다. 햄버거 가게에서 판 치킨버거는 몇 개인가요?

식 ______________________

답 ______________

⑦ 희연이네 농장에서 오전에는 포도를 450송이 땄고, 오후에는 오전보다 578송이 더 많이 땄습니다. 희연이네 농장에서 오후에 딴 포도는 몇 송이인가요?

식 ______________________ 답 ______________

⑧ 승주와 윤호는 컴퓨터 게임을 하였습니다. 윤호는 758점을 얻어 승주와 457점 차이로 졌습니다. 승주가 얻은 점수는 몇 점인가요?

식 ______________________ 답 ______________

1 일차

● 033 단계

(세 자리 수)-(세 자리 수) ①

줄어든 값 구하기

① 수민이네 동네의 도서관에 책이 769권 있습니다. 그중에서 237권을 빌려갔다면 도서관에 남은 책은 몇 권인가요?

식 [769] − [237] = [532] 답 532권

(도서관에 남은 책 수)
=(도서관에 있던 책의 수)-(빌려간 책의 수)
=769-237=532

② 자전거 보관소에 자전거가 352대 있었는데 136대를 빌려갔습니다. 자전거 보관소에 남은 자전거는 몇 대인가요?

식 [ ] − [ ] = [ ] 답

③ 유민이는 950원을 가지고 있었는데 딱풀을 사는 데 760원을 썼습니다. 유민이에게 남은 돈은 얼마인가요?

식  답

④ 어느 문구점에서는 도화지 890장을 들여와 579장을 팔았습니다. 이 문구점에 남아 있는 도화지는 몇 장인가요?

식 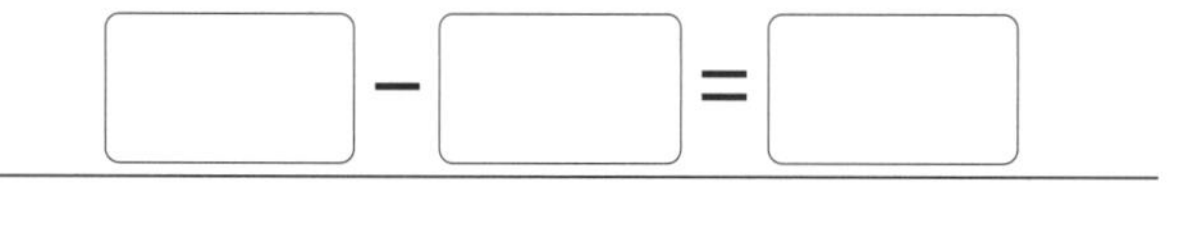

답

⑤ 푸른 초원에 얼룩말이 798마리 있습니다. 가뭄이 들어 396마리가 다른 지역으로 이동했습니다. 푸른 초원에 남은 얼룩말은 몇 마리인가요?

식

답

⑥ 서진이는 종이학을 770마리 접어서 동생에게 140마리를 주었습니다. 서진이가 가지고 있는 종이학은 몇 마리인가요?

식

답

⑦ 냉장고에 있던 음료수 550 mL 중 235 mL를 마셨습니다. 냉장고에 남은 음료수는 몇 mL인가요?

→ mL는 밀리리터라고 읽습니다.

식

답

⑧ 주머니에 땅콩이 807개 들어 있었는데 217개를 먹었습니다. 주머니에 남은 땅콩은 몇 개인가요?

식

답

033 단계 (세 자리 수)-(세 자리 수) ①

두 수의 차 구하기

① 내 신발의 크기는 225 mm이고, 아빠 신발의 크기는 280 mm입니다. 내 신발과 아빠 신발의 크기의 차는 몇 mm인가요?

(mm는 밀리미터라고 읽습니다.)

식 280 − 225 = 55

답 55 mm

(내 신발과 아빠 신발의 크기의 차)
=(아빠 신발의 크기)−(내 신발의 크기)
=280−225=55

② 울릉도에서 강릉으로 가는 배에 남자가 196명, 여자가 173명 탔습니다. 남자는 여자보다 몇 명 더 많이 탔나요?

식 □ − □ = □ 답 ______

③ 문구점에서 볼펜을 720원, 지우개를 350원에 팔고 있습니다. 문구점에서 파는 지우개는 볼펜보다 얼마나 더 싼가요?

식 □ − □ = □ 답 ______

④ 신발 가게에 구두가 374켤레, 운동화가 829켤레 있습니다. 신발 가게에 있는 운동화는 구두보다 몇 켤레 더 많은가요?

식 □ − □ = □ 답 ______

⑤ 미래 초등학교의 1학년 학생은 135명이고, 2학년 학생은 225명입니다. 1학년과 2학년 학생 수의 차는 몇 명인가요?

식 ______________________ 답 ____________

⑥ 들판에 까마귀 384마리와 까치 509마리가 있습니다. 이 들판에 있는 까마귀는 까치보다 몇 마리 더 적은가요?

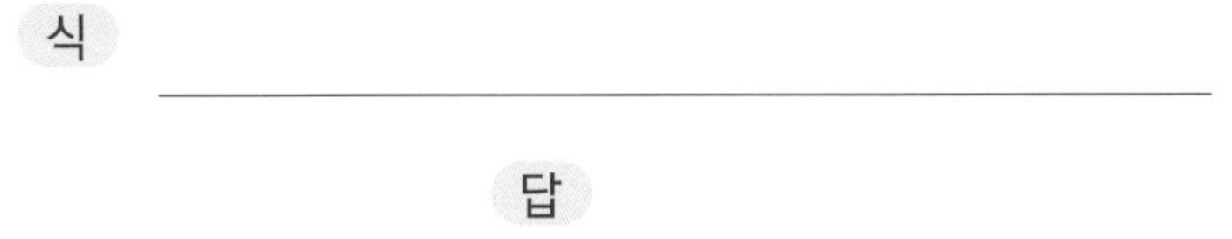

식 ______________________

답 ____________

⑦ 구슬을 현준이는 485개, 영민이는 276개를 가지고 있습니다. 누가 구슬을 몇 개 더 많이 가지고 있나요?

식 ______________________ 답 ________, ________

⑧ 준호네 집에서 슈퍼까지의 거리는 351 m이고, 약국까지의 거리는 863 m입니다. 준호네 집에서 어디까지의 거리가 몇 m 더 가까운가요?

식 ______________________ 답 ________, ________

033 단계 (세 자리 수)-(세 자리 수) ①

더 적은 것의 수 구하기

① 불곰의 무게는 275 kg이고, 반달곰의 무게는 불곰보다 180 kg 더 가볍습니다. 반달곰의 무게는 몇 kg인가요?

(kg은 킬로그램이라고 읽습니다.)

식 275 - 180 = 95 답 95 kg

(반달곰의 무게)
=(불곰의 무게)-(더 가벼운 무게)
=275-180=95

② 효리가 가진 돈은 840원이고, 원희가 가진 돈은 효리보다 230원 더 적습니다. 원희가 가진 돈은 얼마인가요?

식 ☐ - ☐ = ☐ 답

③ 빵 가게에 도넛이 468개 있고, 식빵은 도넛보다 159개 더 적습니다. 빵 가게에 있는 식빵은 몇 개인가요?

식 ☐ - ☐ = ☐ 답

④ 할머니가 가꾸시는 텃밭의 가로의 길이는 956 cm이고, 세로의 길이는 가로의 길이보다 372 cm가 더 짧습니다. 텃밭의 세로의 길이는 몇 cm인가요?

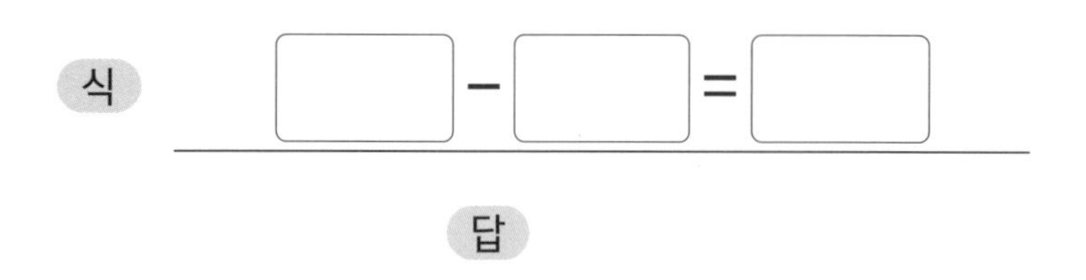

식 ☐ - ☐ = ☐

답

⑤ 서진이네 모둠은 줄넘기를 697번 했고, 수빈이네 모둠은 서진이네 모둠보다 136번 더 적게 했습니다. 수빈이네 모둠은 줄넘기를 몇 번 했나요?

식 ______________________ 답 ______________

⑥ 동물원에 조류가 715마리 있고, 파충류는 조류보다 209마리 더 적습니다. 동물원에 있는 파충류는 몇 마리인가요?

식 ______________________ 답 ______________

⑦ 어제 민속촌에 입장한 사람은 856명이었고, 오늘은 어제보다 384명이 더 적게 입장하였습니다. 오늘 민속촌에 입장한 사람은 몇 명인가요?

식 ______________________

답 ______________

⑧ 초콜릿 가게에서 오늘 팔린 화이트초콜릿이 548개이고, 다크초콜릿은 화이트초콜릿보다 227개 더 적게 팔렸습니다. 오늘 팔린 다크초콜릿은 몇 개인가요?

식 ______________________ 답 ______________

1 일차

034 단계 (세 자리 수)-(세 자리 수) ②

줄어든 값 구하기

① 마트에 달걀 720개가 있었는데 485개를 팔았습니다. 마트에 남은 달걀은 몇 개인가요?

식 720 − 485 = 235　　답 235개

② 학교에 학생이 823명 있었는데 687명이 집으로 갔습니다. 학교에 남은 학생은 몇 명인가요?

식 □ − □ = □　　답 ____

③ 울타리 안에 양이 500마리 있었는데 246마리가 밖으로 나갔습니다. 울타리 안에 있는 양은 몇 마리인가요?

식 □ − □ = □　　답 ____

④ 극장 입구에 610명이 줄을 서 있었는데 329명이 입장하였습니다. 극장 입구에 줄을 서 있는 사람은 몇 명인가요?

식 □ − □ = □　　답 ____

⑤ 수족관에 열대어 306마리가 있습니다. 이 중에서 158마리를 팔았다면 수족관에 남아 있는 열대어는 몇 마리인가요?

식 ______________________

답 ____________

⑥ 대전역에서 출발하는 기차에 934명이 탔습니다. 다음 역에서 599명이 내리고 새로 탄 사람은 없었습니다. 지금 기차에는 몇 명이 타고 있나요?

식 ______________________

답 ____________

⑦ 길이가 8 m인 색 테이프 중에서 472 cm를 사용했습니다. 남은 색 테이프는 몇 cm인가요?

→ 8 m는 800 cm입니다.

식 ______________________

답 ____________

⑧ 연못가에 개구리 563마리가 살고 있었습니다. 이 중 276마리가 다른 연못으로 떠났다면, 이 연못에 남아 있는 개구리는 몇 마리인가요?

식 ______________________

답 ____________

(세 자리 수)-(세 자리 수) ②

두 수의 차 구하기

① 미루나무의 키는 520 cm이고, 은행나무의 키는 235 cm입니다. 미루나무와 은행나무의 키의 차는 몇 cm인가요?

식 520 − 235 = 285

답 285 cm

② 냉장고에 우유 900 mL와 주스 495 mL가 있습니다. 냉장고에 있는 우유는 주스보다 몇 mL 더 많은가요?

→ mL는 밀리리터라고 읽습니다.

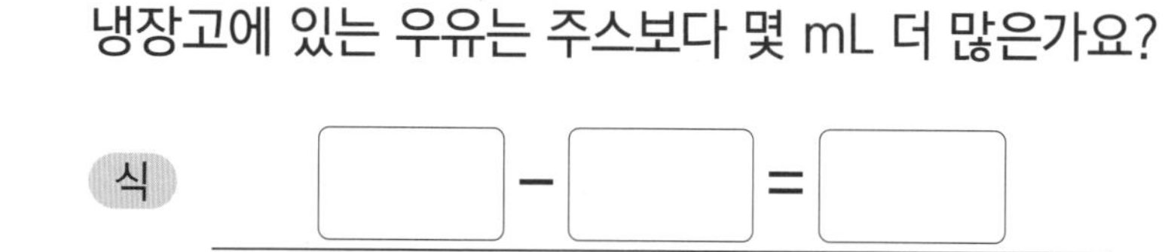

식 ☐ − ☐ = ☐

답

③ 문구점에 연필은 824자루 있고, 샤프는 379자루 있습니다. 샤프는 연필보다 몇 자루 더 적은가요?

식 ☐ − ☐ = ☐

답

④ 놀이공원에 남자 아이는 567명, 여자 아이는 603명 있습니다. 놀이공원에 있는 여자 아이는 남자 아이보다 몇 명 더 많은가요?

식 ☐ − ☐ = ☐

답

⑤ 상하이 타워의 높이는 632 m이고, 롯데월드 타워의 높이는 555 m입니다. 두 건물의 높이의 차는 몇 m인가요?

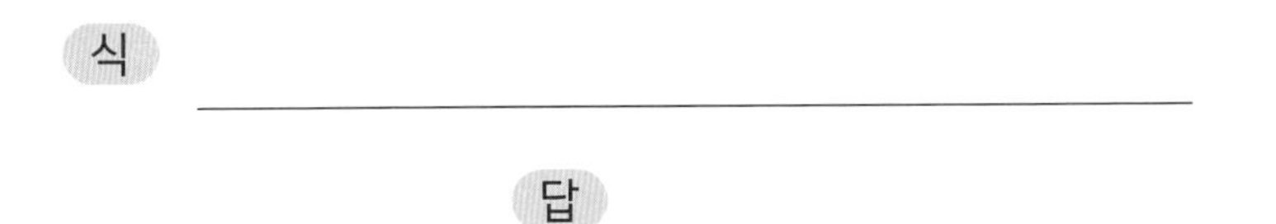

식

답

⑥ 주차장에 버스가 325대, 트럭이 199대 있습니다. 주차장에 있는 트럭은 버스보다 몇 대 더 적은가요?

식

답

⑦ 저금 통장에 이자가 민수는 910원, 수아는 745원이 붙었습니다. 누구의 이자가 얼마 더 많이 붙었나요?

식

답 ______, ______

⑧ 해외로 가는 우편물은 276개, 국내로 가는 우편물은 543개 있습니다. 어디로 가는 우편물이 몇 개 더 적은가요?

식

답 ______, ______

3 일차

034 단계 (세 자리 수)-(세 자리 수) ②

더 적은 것의 수 구하기

① 검은색 바둑돌은 400개이고, 흰색 바둑돌은 검은색 바둑돌보다 115개 더 적습니다. 흰색 바둑돌은 몇 개인가요?

식 400 − 115 = 285 답 285개

② 과일 가게에서 오렌지는 507개 팔렸고, 토마토는 오렌지보다 238개 더 적게 팔렸습니다. 과일 가게에서 팔린 토마토는 몇 개인가요?

식 □ − □ = □ 답 ______

③ 동물원에 사슴이 261마리 있고, 낙타는 사슴보다 173마리 더 적습니다. 동물원에 있는 낙타는 몇 마리인가요?

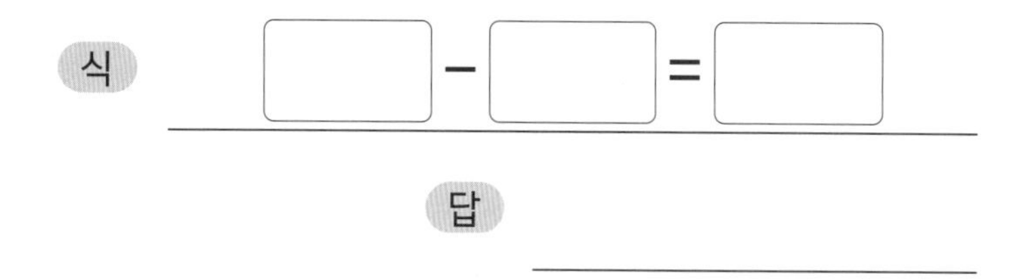

식 □ − □ = □

답 ______

④ 인후는 구슬 722개를 모았고, 세연이는 인후보다 구슬을 346개 더 적게 모았습니다. 세연이가 모은 구슬은 몇 개인가요?

식 □ − □ = □ 답 ______

⑤ 어제 콘서트에 모인 관객은 876명입니다. 오늘은 어제보다 298명 더 적게 모였습니다. 오늘 콘서트에 모인 관객은 몇 명인가요?

식

답

⑥ 고속도로 휴게소에 호두과자가 930개 있고, 땅콩과자는 호두과자보다 342개 더 적습니다. 고속도로 휴게소에 있는 땅콩과자는 몇 개인가요?

식 답

⑦ 식물원에 장미가 711송이 피어 있고, 튤립은 장미보다 239송이 더 적게 피어 있습니다. 식물원에 피어 있는 튤립은 몇 송이인가요?

식 답

⑧ 김밥집에서 오늘 야채김밥을 353줄 만들었고, 참치김밥은 야채김밥보다 167줄 더 적게 만들었습니다. 김밥집에서 오늘 만든 참치김밥은 몇 줄인가요?

식 답

1 일차

035 단계 (세 자리 수)±(세 자리 수)

늘어나고 줄어든 값 구하기

km는 킬로미터라고 읽습니다.

① 자동차를 타고 지금까지 160 km 왔는데 목적지까지는 350 km를 더 가야 합니다. 목적지까지의 거리는 몇 km인가요?

식 ______________________ 답 ____________

② 영화관에 354명이 앉아 있었습니다. 영화 시작 직전에 186명이 더 들어왔다면 영화관 안에 있는 사람은 모두 몇 명인가요?

식 ______________________ 답 ____________

③ 핫도그 가게에서 오늘 만든 핫도그는 503개입니다. 그중에서 478개를 팔았다면 남은 핫도그는 몇 개인가요?

식 ______________________

답 ____________

④ 광주역에서 출발하는 기차에 872명이 탔습니다. 다음 역에서 156명이 내리고 새로 탄 사람은 없었습니다. 지금 기차에는 몇 명이 타고 있나요?

식 ______________________ 답 ____________

⑤ 김밥집에서 단체 주문을 받아 지금까지 만든 김밥은 457줄인데 255줄을 더 만들어야 합니다. 단체 주문을 받은 김밥은 모두 몇 줄인가요?

식 ______________________ 답 ______________

⑥ 동네 도서관에 책이 948권 있습니다. 오늘 빌려 간 책 362권을 반납했다면, 동네 도서관에 있는 책은 모두 몇 권인가요?

식 ______________________ 답 ______________

⑦ 어느 박물관에서는 하루 관람객 수를 600명으로 제한하고 있습니다. 오전에 295명이 입장하였다면 오후에 입장할 수 있는 사람은 몇 명인가요?

식 ______________________ 답 ______________

⑧ 색 테이프 754 cm 중 선물 포장을 하는 데 484 cm를 사용하였습니다. 남은 색 테이프는 몇 cm인가요?

식 ______________________ 답 ______________

2 일차

035 단계 (세 자리 수)±(세 자리 수)

두 수의 합과 차 구하기

① 퀴즈 대회에서 선재는 540점, 예슬이는 620점을 받았습니다. 선재와 예슬이가 받은 점수는 모두 몇 점인가요?

식 ______________________

답 ______________

② 초원에 사슴 479마리와 얼룩말 866마리가 뛰어다니고 있습니다. 초원에 있는 사슴과 얼룩말은 모두 몇 마리인가요?

식 ______________________ 답 ______________

③ 아빠의 키는 183 cm, 나의 키는 154 cm입니다. 아빠의 키는 나의 키보다 몇 cm 더 큰가요?

식 ______________________ 답 ______________

④ 푸름 초등학교의 학생은 645명, 새싹 초등학교의 학생은 712명입니다. 어느 초등학교 학생이 몇 명 더 많은가요?

식 ______________________ 답 __________, __________

⑤ 과학관에 어른이 339명, 어린이가 752명 입장하였습니다. 과학관에 입장한 사람은 모두 몇 명인가요?

식 ______________________ 답 ______________

g는 그램이라고 읽습니다.

⑥ 제과점에서 빵을 만들고 있습니다. 밀가루 657 g과 설탕 285 g을 섞었다면 섞은 밀가루와 설탕의 무게는 모두 몇 g인가요?

설탕
밀가루

식 ______________________

답 ______________

km는 킬로미터라고 읽습니다.

⑦ 섬진강의 길이는 223 km, 낙동강의 길이는 510 km라고 합니다. 두 강의 길이의 차는 몇 km인가요?

식 ______________________ 답 ______________

⑧ 민수네 집에서 지하철역까지의 거리는 831 m이고, 버스 정류장까지의 거리는 497 m입니다. 민수네 집에서 어디까지의 거리가 몇 m 더 가까운가요?

식 ______________________ 답 ________, ________

3 일차

035 단계 (세 자리 수)±(세 자리 수)

더 많고 적은 것의 수 구하기

① 파란색 색종이가 470장 있고, 빨간색 색종이는 파란색 색종이보다 245장 더 많습니다. 빨간색 색종이는 몇 장인가요?

식 ______________________ 답 ______________

② 고소한 제과점에서 지난달에는 케이크를 291개 팔았고, 이번 달에는 지난달보다 109개 더 많이 팔았습니다. 이 제과점에서 이번 달에 판 케이크는 몇 개인가요?

식 ______________________ 답 ______________

③ 주차장에 자동차가 527대 있고, 오토바이는 자동차보다 169대 더 적습니다. 주차장에 있는 오토바이는 몇 대인가요?

식 ______________________ 답 ______________

④ 해수가 가지고 있는 철사의 길이는 745 cm이고, 성우가 가지고 있는 철사의 길이는 해수보다 256 cm 더 짧습니다. 성우가 가지고 있는 철사의 길이는 몇 cm인가요?

식 ______________________

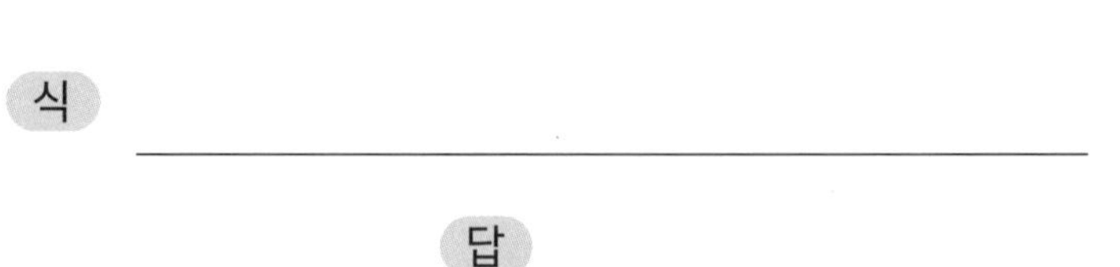

답 ______________

⑤ 동현이의 저금 통장에는 이자가 지난달에는 974원이 붙었고, 이번 달에는 지난달보다 138원이 더 많이 붙었습니다. 이번 달의 이자는 얼마인가요?

식 ______________________ 답 ______________

⑥ 우진이네 과수원에서 작년에는 멜론을 832개 수확했고, 올해는 작년보다 291개 더 많이 수확했습니다. 우진이네 과수원에서 올해 수확한 멜론은 몇 개인가요?

식 ______________________ 답 ______________

⑦ 윗몸 말아 올리기를 지우네 모둠은 314번 했고, 미소네 모둠은 지우네 모둠보다 105번 더 적게 했습니다. 미소네 모둠은 윗몸 말아 올리기를 몇 번 했나요?

식 ______________________

답 ______________

⑧ 햄버거를 만드는 데 소고기 480 g이 필요하고, 돼지고기는 소고기보다 195 g 더 적게 필요합니다. 햄버거를 만드는 데 필요한 돼지고기는 몇 g인가요?

(g는 그램이라고 읽습니다.)

식 ______________________ 답 ______________

1 일차

036 단계 세 자리 수의 덧셈, 뺄셈 종합

늘어나고 줄어든 값 구하기

① 지훈이네 학교의 학생은 564명입니다. 올해 전학 온 학생이 36명이라면, 지훈이네 학교의 학생은 모두 몇 명이 되었나요?

식 

답 

② 부산으로 가는 열차에 642명이 타고 있습니다. 출발하기 직전에 129명이 더 탔다면, 부산으로 가는 열차에 탄 사람은 모두 몇 명인가요?

식 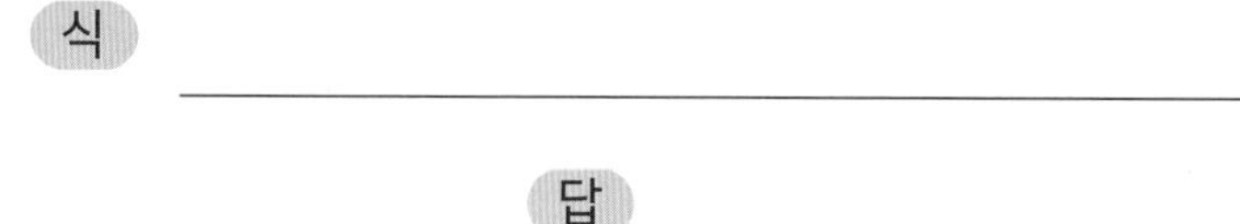

답

③ 은선이는 오래달리기로 830 m를 달리려고 합니다. 방금 675 m 지점을 통과했다면 남은 거리는 몇 m인가요?

식

답 

④ 음악회를 관람할 수 있는 입장권이 487장 있습니다. 지금까지 팔린 입장권이 294장이면 남은 입장권은 몇 장인가요?

식

답 

⑤ 도서관에 책이 795권 있었는데 지역 단체에서 234권의 책을 기증했습니다. 도서관에 있는 책은 모두 몇 권인가요?

식 ______________________ 답 ______________

⑥ 숲속의 개미 나라에 개미가 958마리 살고 있었는데 오늘 아기 개미 163마리가 새로 태어났습니다. 개미 나라에는 모두 몇 마리의 개미가 살고 있나요?

식 ______________________ 답 ______________

⑦ 현정이네 가족은 과수원에서 사과 351개를 땄습니다. 그중에서 192개를 시장에 내다 팔았다면 남은 사과는 몇 개인가요?

식 ______________________ 답 ______________

⑧ 종이꽃을 600개 접어서 선물하려고 합니다. 지금까지 353개를 접었다면 앞으로 몇 개를 더 접어야 하나요?

식 ______________________

답 ______________

2 일차

036 단계

세 자리 수의 덧셈, 뺄셈 종합

두 수의 합과 차 구하기

① 호수에 두루미가 88마리, 오리가 426마리 있습니다. 호수에 있는 두루미와 오리는 모두 몇 마리인가요?

식 ______________________

답 ____________

② 비타민이 한 상자에 175개 들어 있습니다. 두 상자에 들어 있는 비타민은 모두 몇 개인가요?

식 ______________________ 답 ____________

③ 햄버거 한 개의 열량은 432칼로리이고, 콜라 한 잔의 열량은 150칼로리입니다. 햄버거 한 개의 열량은 콜라 한 잔의 열량보다 몇 칼로리 더 많은가요?

식 ______________________ 답 ____________

④ 빨간색 끈의 길이는 3 m이고, 파란색 끈의 길이는 136 cm입니다. 어떤 색 끈의 길이가 몇 cm 더 긴가요?

→ 3 m는 300 cm입니다.

식 ______________________ 답 ________, ________

g는 그램이라고 읽습니다.

⑤ 냉장고에 돼지고기 345 g과 소고기 780 g이 있습니다. 냉장고에 있는 돼지고기와 소고기는 모두 몇 g인가요?

식 ______________________ 답 ______________

⑥ 고구마 693개로 군고구마를 만들고, 578개로 고구마케이크를 만들었습니다. 고구마를 모두 몇 개 사용했나요?

식 ______________________ 답 ______________

⑦ 수아네 학교의 선생님은 125명이고, 학생은 710명입니다. 수아네 학교의 선생님은 학생보다 몇 명 더 적은가요?

식 ______________________ 답 ______________

⑧ 전교 어린이 회장 선거에서 제호는 667표, 선우는 814표를 얻었습니다. 누가 몇 표 더 적게 받았나요?

식 ______________________

답 __________, __________

036 단계 세 자리 수의 덧셈, 뺄셈 종합

더 많고 적은 것의 수 구하기

① 제자리멀리뛰기를 진호는 128 cm 뛰었고, 민교는 진호보다 38 cm 더 멀리 뛰었습니다. 민교가 뛴 제자리멀리뛰기 기록은 몇 cm인가요?

식 ______________________

답 ____________

② 테마파크에 어른이 478명 입장했고, 어린이는 어른보다 515명 더 많이 입장했습니다. 테마파크에 있는 어린이는 몇 명인가요?

식 ______________________ 답 ____________

③ 이륙을 준비하는 비행기의 1층에는 253명이 탈 수 있고, 2층에는 1층보다 95명 더 적게 탈 수 있습니다. 이 비행기의 2층에는 몇 명이 탈 수 있나요?

식 ______________________ 답 ____________

④ 마트에 달걀이 500개 있고, 메추리알은 달걀보다 235개 더 적습니다. 마트에 있는 메추리알은 몇 개인가요?

식 ______________________ 답 ____________

⑤ 체험 학습에서 아빠는 조개를 316개 캤고, 엄마는 아빠보다 158개 더 많이 캤습니다. 엄마가 캔 조개는 몇 개인가요?

식

답

⑥ 소율이네 농장에서 어제는 감자를 853개 수확했고, 오늘은 어제보다 268개 더 많이 수확했습니다. 소율이네 농장에서 오늘 수확한 감자는 몇 개인가요?

식

답

⑦ 미술관 방문자가 어제는 782명이고, 오늘은 어제보다 113명 더 적습니다. 오늘 미술관에 방문한 사람은 몇 명인가요?

식

답

⑧ 제과점에서 크림빵을 634개 만들었고, 피자빵은 크림빵보다 357개 더 적게 만들었습니다. 제과점에서 만든 피자빵은 몇 개인가요?

식

답

1 일차

037단계 세 수의 덧셈과 뺄셈 ③

세 수의 덧셈

① 우리 가족의 키는 아빠 180 cm, 엄마 163 cm, 나 148 cm입니다. 우리 가족의 키를 모두 더하면 몇 cm인가요?

식 [180] + [163] + [148] = [491]　답 491 cm

② 운동장 한 바퀴는 240 m입니다. 운동장 세 바퀴를 뛴다면 모두 몇 m를 달리게 되나요?

식 [ ] + [ ] + [ ] = [ ]　답 ______

③ 혜미는 590원을 가지고 있습니다. 은지는 혜미보다 90원을 더 가지고 있고, 민채는 은지보다 180원을 더 가지고 있습니다. 민채가 가진 돈은 얼마인가요?

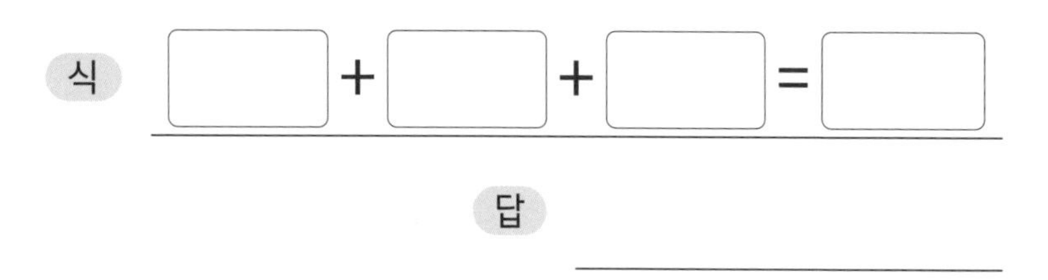

답 ______

④ 양계장에 달걀이 403개 있었습니다. 오전에 달걀이 125개 늘어났고, 오후에 88개 늘어났습니다. 양계장에 있는 달걀은 모두 몇 개인가요?

식 [ ] + [ ] + [ ] = [ ]　답 ______

⑤ 공원 입장료가 어른은 500원, 어린이는 150원입니다. 어른 한 명과 어린이 2명이 들어가려면 내야 하는 입장료는 모두 얼마인가요?

식

답

⑥ 화단에 백합이 85송이, 튤립이 206송이, 장미가 435송이 있습니다. 화단에 있는 꽃은 모두 몇 송이인가요?

식

답

⑦ 들판에 까치가 122마리 있습니다. 참새는 까치보다 37마리 더 많고, 비둘기는 참새보다 275마리 더 많습니다. 들판에 있는 비둘기는 몇 마리인가요?

식

답

⑧ 집에서 도서관까지의 거리는 478 m, 도서관에서 학교까지의 거리는 190 m, 학교에서 집까지의 거리는 314 m입니다. 집에서 도서관, 학교를 거쳐 다시 집으로 돌아오는 거리는 몇 m인가요?

식

답

037 단계 세 수의 덧셈과 뺄셈 ③

세 수의 뺄셈

① 길이가 478 cm인 색 테이프 중 105 cm, 162 cm를 각각 사용하였습니다. 남은 색 테이프는 몇 cm인가요?

식 478 − 105 − 162 = 211　답 211 cm

② 주차장에 자동차가 500대 있었습니다. 오전에 자동차가 86대, 오후에 213대 빠져나갔다면 주차장에 남은 자동차는 몇 대인가요?

식 □ − □ − □ = □　답

③ 촛불 끄기 시합을 하고 있습니다. 총 350개의 촛불 중 나영이는 75개, 수정이는 97개를 껐습니다. 남은 촛불은 몇 개인가요?

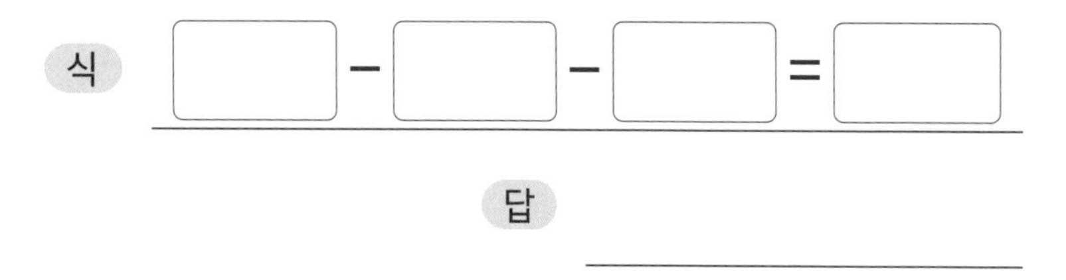

답

④ 식물원에 소나무가 545그루 있습니다. 전나무는 소나무보다 87그루 더 적고, 단풍나무는 전나무보다 108그루 더 적습니다. 식물원에 있는 단풍나무는 몇 그루인가요?

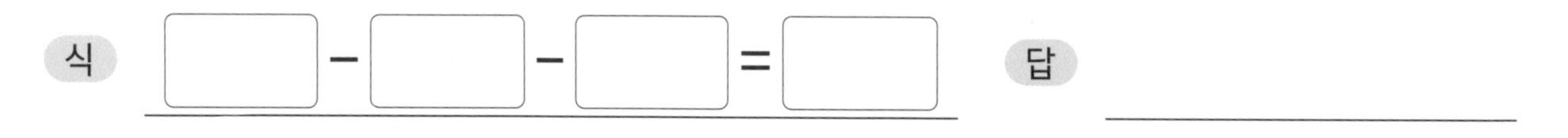

⑤ 엄마가 쿠키를 230개 만들어서 현호에게 85개, 동생에게 63개를 나누어 주었습니다. 남은 쿠키는 몇 개인가요?

식 ______________________ 답 ______________

→ kg은 킬로그램이라고 읽습니다.

⑥ 동물원에 먹이용 건초가 960 kg 있었습니다. 건초를 코끼리가 532 kg, 낙타가 204 kg 먹었다면 남은 건초는 몇 kg인가요?

식 ______________________

답 ______________

⑦ 어느 박물관에서는 하루 관람객 수를 600명으로 제한하고 있습니다. 오늘 오전에 어른이 273명, 어린이가 184명 입장하였습니다. 오후에 입장할 수 있는 사람은 몇 명인가요?

식 ______________________ 답 ______________

⑧ 지혜는 구슬을 485개 가지고 있습니다. 아린이는 지혜보다 구슬을 72개 더 적게 가지고 있고, 성재는 아린이보다 135개 더 적게 가지고 있습니다. 성재가 가진 구슬은 몇 개인가요?

식 ______________________ 답 ______________

037 단계 세 수의 덧셈과 뺄셈 ③

세 수의 덧셈과 뺄셈

① 만두 가게에서 오늘 김치만두를 400개, 고기만두를 520개 만들었습니다. 두 종류를 합해서 판 만두가 812개라면 만두 가게에 남은 만두는 몇 개인가요?

식 400 + 520 − 812 = 108　　답 108개

② 포도 젤리는 한 봉지에 85개 들어 있고, 사과 젤리는 한 봉지에 115개 들어 있습니다. 두 젤리를 합해서 90개를 친구들에게 나누어 주었다면 남은 젤리는 몇 개인가요?

식 □ + □ − □ = □　　답 ______

③ 수지네 학교에는 남학생이 353명, 여학생이 327명입니다. 그중 안경을 쓴 학생이 211명이라면 안경을 쓰지 않은 학생은 몇 명인가요?

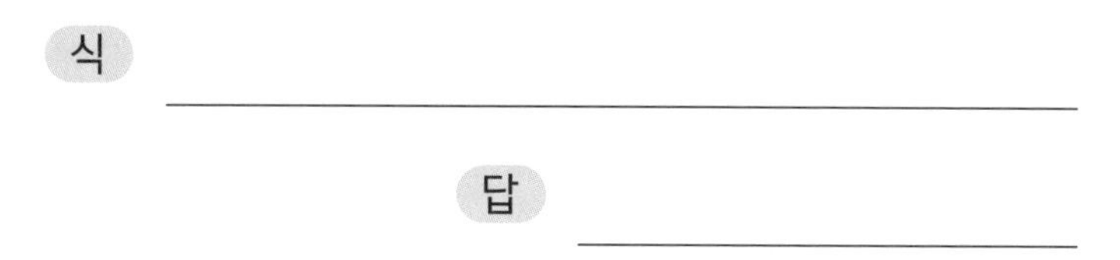

식 ______

답 ______

④ 길이가 132 cm, 224 cm인 막대 2개를 겹치지 않게 이어 붙여 깊이가 317 cm인 물속에 세워서 바닥까지 넣었습니다. 막대에서 물에 젖지 않은 부분의 길이는 몇 cm인가요?

식 ______　　답 ______

⑤ 옷 가게에 옷이 830벌 있었습니다. 이 중 359벌을 팔았고, 68벌은 반품으로 돌려받았습니다. 옷 가게에 있는 옷은 몇 벌인가요?

식 830 − 359 + 68 = 539 답 539벌

⑥ 인형 공장에서 첫째 날 인형 249개를 만들었는데 그중 불량품 36개를 버렸습니다. 다음 날 만든 인형이 318개일 때, 인형 공장에 있는 인형은 몇 개인가요?

식 ☐ − ☐ + ☐ = ☐ 답 ______

⑦ 하윤이가 첫째 날 현미경으로 관찰한 미생물은 468마리였습니다. 둘째 날에 미생물의 수는 82마리 줄어들었고, 셋째 날에는 79마리 늘어났습니다. 셋째 날에 관찰한 미생물은 몇 마리인가요?

식 ______

답 ______

⑧ 지웅이네 집에서 도서관에 가는데 625 m 갔다가 떨어뜨린 물건 때문에 158 m를 돌아와서 물건을 다시 찾아 380 m를 더 가서 도착하였습니다. 지웅이네 집에서 도서관까지의 거리는 몇 m인가요?

식 ______ 답 ______

038 단계 (네 자리 수)+(세 자리 수·네 자리 수)

늘어난 값 구하기

① 태민이네 학급은 운동회에서 경기 점수 1800점을 받았고, 응원을 열심히 하여 350점을 더 받았습니다. 태민이네 학급이 받은 점수는 모두 몇 점인가요?

답 2150점

② 공항 주차장에 자동차가 5425대 있었는데 1325대가 더 들어왔습니다. 공항 주차장에 있는 자동차는 모두 몇 대인가요?

식 ☐ + ☐ = ☐ 답 ______

③ 마트에 옥수수가 692개 있었는데 2750개를 더 들여왔습니다. 마트에 있는 옥수수는 모두 몇 개인가요?

식 ☐ + ☐ = ☐ 답 ______

④ 저금통에 8320원이 있었는데 일주일 동안 4580원을 더 모았습니다. 저금통에 있는 돈은 모두 얼마인가요?

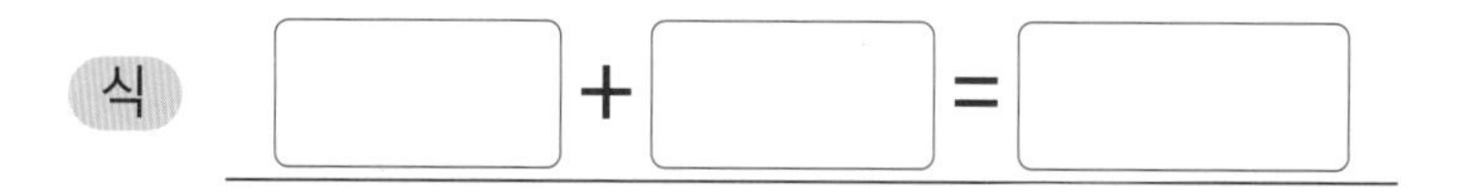

답 ______

⑤ 서점에 책이 5235권 있었는데 863권이 새로 들어왔습니다. 서점에 있는 책은 모두 몇 권인가요?

식 ______________________ 답 ______________

⑥ 농구장에 좌석이 6850석 있었는데 보수 공사를 하면서 좌석을 1250석 더 늘렸습니다. 농구장에 있는 좌석은 모두 몇 석인가요?

식 ______________________ 답 ______________

⑦ 수산물 창고에 굴비가 1583상자 있었는데 4576상자가 더 들어왔습니다. 수산물 창고에 있는 굴비는 모두 몇 상자인가요?

식 ______________________

답 ______________

⑧ 박람회에 입장한 관객들에게 나누어 줄 기념품 3870개를 준비했는데 모자라서 2340개를 더 가져와서 전부 나누어 주었습니다. 나누어 준 기념품은 모두 몇 개인가요?

식 ______________________ 답 ______________

2 일차

038 단계

(네 자리 수)+(세 자리 수·네 자리 수)

두 수의 합 구하기

① 항아리에 강낭콩이 1673개, 완두콩이 736개 들어 있습니다. 항아리에 들어 있는 콩은 모두 몇 개인가요?

식 [1673] + [736] = [2409]　　답 2409개

② 정은이는 어제 4560원을 저금하고, 오늘은 2870원을 저금하였습니다. 정은이가 어제와 오늘 이틀 동안 저금한 돈은 모두 얼마인가요?

식 [ ] + [ ] = [ ]　　답 ______

③ 프로 야구를 보기 위해 입장한 관객은 남자가 5709명, 여자가 3623명입니다. 프로 야구를 보기 위해 입장한 관객은 모두 몇 명인가요?

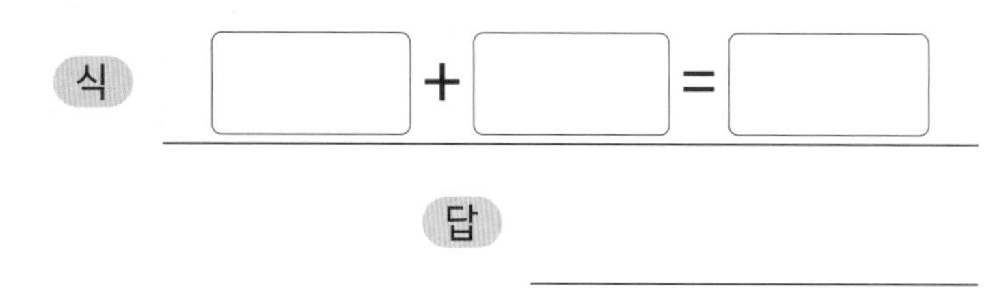

식 [ ] + [ ] = [ ]

답 ______

④ 어느 산에 침엽수가 6254그루, 활엽수가 3087그루 있습니다. 이 산에 있는 침엽수와 활엽수는 모두 몇 그루인가요?

식 [ ] + [ ] = [ ]　　답 ______

⑤ 지우네 집에서 서점까지의 거리는 858 m이고, 서점에서 학교까지의 거리는 1794 m입니다. 지우네 집에서 서점을 지나 학교까지의 거리는 몇 m인가요?

식 ______________________ 답 ______________

⑥ 인형 공장에 펭귄 인형이 1439개, 토끼 인형이 1627개 있습니다. 인형 공장에 있는 펭귄 인형과 토끼 인형은 모두 몇 개인가요?

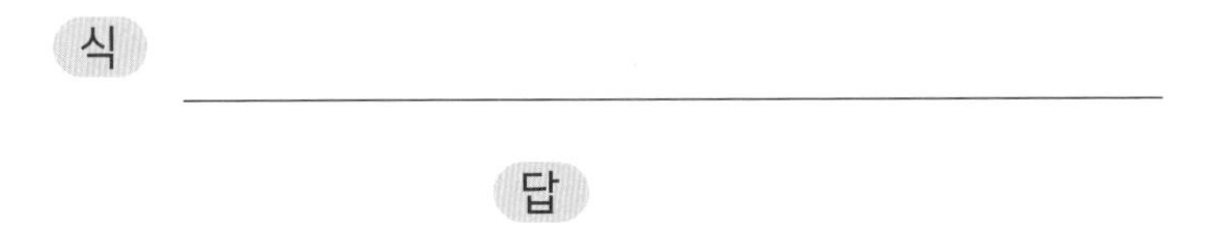

식 ______________________

답 ______________

⑦ 1단지 아파트에 3255명이 살고, 2단지 아파트에 3598명이 삽니다. 1단지와 2단지 아파트에 살고 있는 사람은 모두 몇 명인가요?

식 ______________________ 답 ______________

⑧ 백화점에 토요일에는 5867명, 일요일에는 4259명이 쇼핑을 하러 왔습니다. 이 백화점에 토요일과 일요일에 쇼핑을 하러 온 사람은 모두 몇 명인가요?

식 ______________________ 답 ______________

3 일차

038 단계

(네 자리 수)+(세 자리 수·네 자리 수)

더 많은 것의 수 구하기

① 달리기 시합에서 진수는 1234 m를 달렸고, 은수는 진수보다 287 m 더 많이 달렸습니다. 은수가 달린 거리는 몇 m인가요?

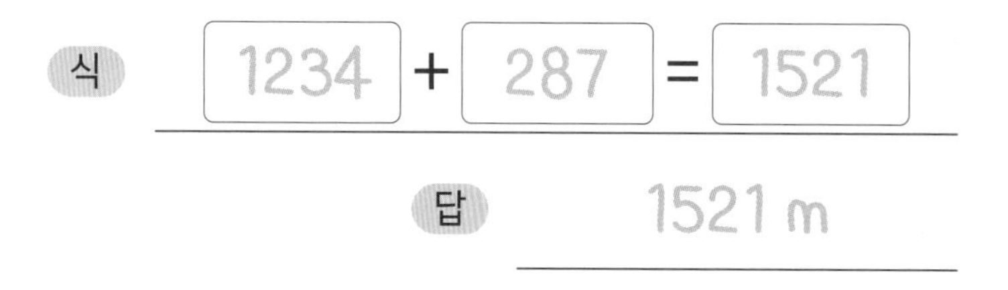

② 놀이공원에 어른은 2249명 입장했고, 어린이는 어른보다 5288명 더 많이 입장했습니다. 놀이공원에 입장한 어린이는 몇 명인가요?

식 ☐ + ☐ = ☐ 답 ________

③ 빨간색 끈의 길이는 3395 cm이고, 노란색 끈의 길이는 빨간색 끈의 길이보다 873 cm 더 깁니다. 노란색 끈의 길이는 몇 cm인가요?

식 ☐ + ☐ = ☐ 답 ________

④ 오늘 외국 영화를 본 관객은 5642명입니다. 한국 영화를 본 관객은 외국 영화를 본 관객보다 9764명이 더 많습니다. 오늘 한국 영화를 본 관객은 몇 명인가요?

식 ☐ + ☐ = ☐ 답 ________

⑤ 오늘 부산에서 잡은 문어는 1950마리이고, 오징어는 문어보다 2798마리 더 많이 잡았습니다. 부산에서 오늘 잡은 오징어는 몇 마리인가요?

식 ______________________ 답 ______________

⑥ 귤 농장에서 지난달에는 귤 4769상자를 팔고, 이번 달에는 지난달보다 526상자 더 많이 팔았습니다. 귤 농장에서 이번 달에 판 귤은 몇 상자인가요?

식 ______________________ 답 ______________

⑦ 동생의 저금통에는 8680원이 들어 있고, 오빠의 저금통에는 동생보다 2350원 더 많이 들어 있습니다. 오빠의 저금통에 들어 있는 돈은 얼마인가요?

식 ______________________

답 ______________

⑧ 오늘 혜영이는 3019걸음을 걸었고, 승훈이는 혜영이보다 394걸음을 더 많이 걸었습니다. 승훈이가 걸은 걸음은 몇 걸음인가요?

식 ______________________ 답 ______________

039 단계 (네 자리 수)-(세 자리 수·네 자리 수)

줄어드는 값 구하기

① 어느 공사장에서 벽돌 5000장으로 담을 쌓고 있습니다. 담을 쌓는 데 1590장을 사용했다면 남은 벽돌은 몇 장인가요?

② 혜빈이는 색 테이프 2714 cm를 가지고 있었습니다. 상자를 묶는 데 567 cm를 썼다면 남은 색 테이프는 몇 cm인가요?

식 ☐ − ☐ = ☐　　답 ________

③ 주영이가 돼지 저금통을 뜯어보니 8350원이었습니다. 이 돈으로 770원짜리 지우개를 샀다면 남은 돈은 얼마인가요?

식 ☐ − ☐ = ☐　　답 ________

④ 사과 농장에서 6053개의 사과를 땄습니다. 그중에서 2458개를 팔았다면 남은 사과는 몇 개인가요?

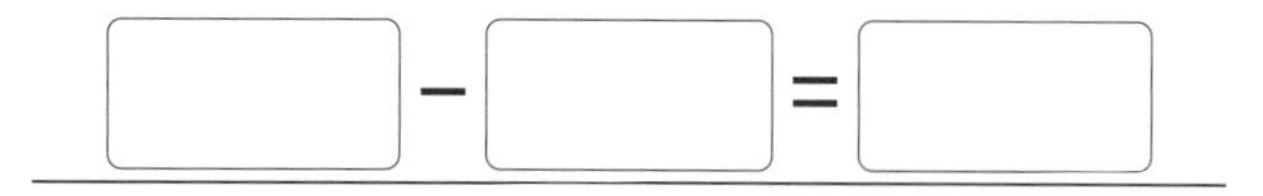

답 ________

⑤ 전시회에서 관객에게 나누어 줄 팸플릿을 4500개 준비했습니다. 오늘 입장한 관객에게 876개를 나누어 주었습니다. 남은 팸플릿은 몇 개인가요?

식 ______________________ 답 ______________

⑥ 좌석이 7000석인 실내 체육관에 4128명이 입장하여 앉았습니다. 남은 좌석은 몇 석인가요?

식 ______________________ 답 ______________

⑦ 어느 공장에서 일주일 동안 생산한 자전거는 1433대입니다. 그중에서 654대를 팔았다면 남은 자전거는 몇 대인가요?

식 ______________________ 답 ______________

⑧ 에베레스트 산의 높이는 8848 m입니다. 등반대가 지금까지 3049 m 올랐다면 정상까지 남은 거리는 몇 m인가요?

식 ______________________

답 ______________

2 일차 039 단계 (네 자리 수)-(세 자리 수·네 자리 수)

두 수의 차 구하기

① 엄마는 1983년, 나는 2016년에 태어났습니다. 엄마와 내가 태어난 연도의 차는 몇 년인가요?

식 2016 − 1983 = 33

답

② 코끼리의 무게는 3104 kg이고, 사슴의 무게는 217 kg입니다. 코끼리는 사슴보다 몇 kg 더 무거운가요?

→ kg은 킬로그램이라고 읽습니다.

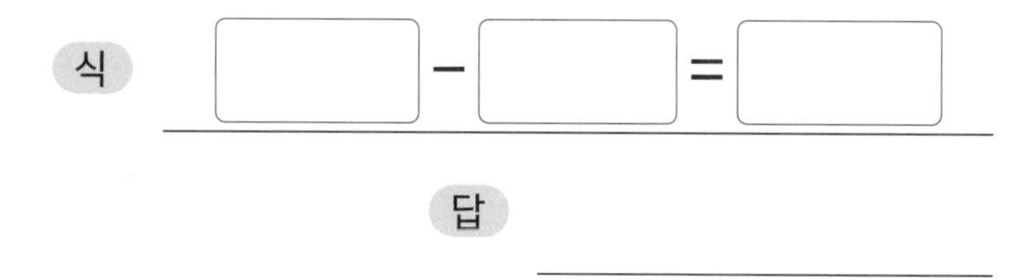

③ 양계장에서 달걀이 월요일에 976개, 화요일에 1230개가 나왔습니다. 월요일에 나온 달걀은 화요일에 나온 것보다 몇 개 더 적은가요?

식 ☐ − ☐ = ☐　　답 ______

④ 수산시장에서 오늘 고등어는 5263마리, 갈치는 2394마리를 팔았습니다. 고등어는 갈치보다 몇 마리 더 많이 팔렸나요?

식 ☐ − ☐ = ☐　　답 ______

⑤ 경주에 있는 첨성대의 높이는 917 cm, 다보탑의 높이는 1029 cm입니다. 다보탑과 첨성대의 높이의 차는 몇 cm인가요?

식 ______________________

답 ______________

⑥ 도서관에서 책을 3월에는 5237권, 4월에는 3560권 빌렸습니다. 4월에는 3월보다 책을 몇 권 더 적게 빌렸나요?

식 ______________________ 답 ______________

⑦ 색종이를 미주는 2000장, 지웅이는 1480장 가지고 있습니다. 누가 가진 색종이가 몇 장 더 많은가요?

식 ______________________ 답 ________, ________

⑧ 어느 대형 마트에 콜라는 4532병, 주스는 2658병 있습니다. 어떤 음료수가 몇 병 더 적은가요?

식 ______________________ 답 ________, ________

039 단계 (네 자리 수)-(세 자리 수·네 자리 수)

더 적은 것의 수 구하기

① 승연이는 4510원을 가지고 있고, 지원이는 승연이보다 570원 더 적게 가지고 있습니다. 지원이가 가지고 있는 돈은 얼마인가요?

식 4510 − 570 = 3940 답 3940원

② 도매 시장에서 오늘 팔린 셔츠는 3756벌이고, 바지는 셔츠보다 1259벌 더 적게 팔렸습니다. 도매 시장에서 오늘 팔린 바지는 몇 벌인가요?

식 □ − □ = □ 답 ______

③ 현진이네 농장에는 닭이 2856마리 있고, 오리는 닭보다 963마리 더 적게 있습니다. 현진이네 농장에 있는 오리는 몇 마리인가요?

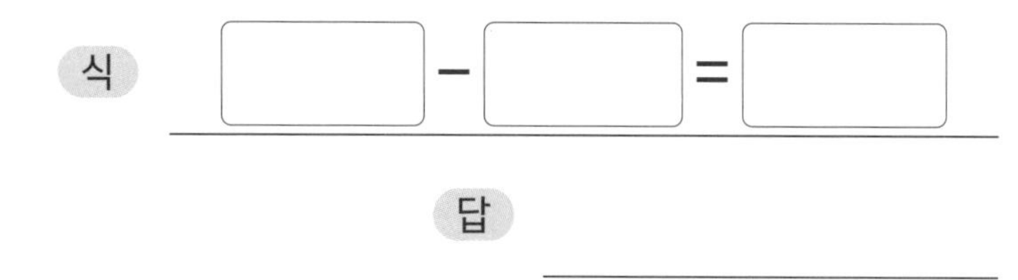

식 □ − □ = □ 답 ______

④ 트럭에 사과가 5361개 실려 있고, 토마토는 사과보다 2477개 더 적게 실려 있습니다. 트럭에 실려 있는 토마토는 몇 개인가요?

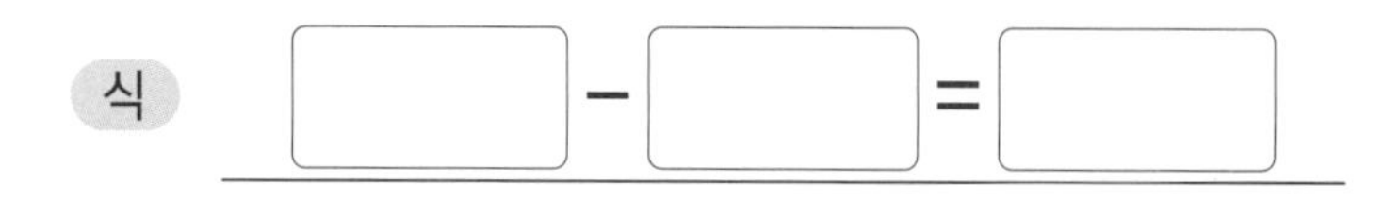

식 □ − □ = □ 답 ______

⑤ 준호네 가족은 농장에서 밤을 땄습니다. 첫째 날에는 1422개, 둘째 날에는 첫째 날보다 396개 더 적게 땄습니다. 준호네 가족이 둘째 날 딴 밤은 몇 개인가요?

식 ______________________

답 ______________

kg은 킬로그램이라고 읽습니다.

⑥ 시골 마을에서 작년에는 쌀을 7845 kg 수확했고, 올해는 작년보다 2297 kg을 더 적게 수확했습니다. 이 마을에서 올해 수확한 쌀은 몇 kg인가요?

식 ______________________ 답 ______________

⑦ 꿈 마을에 사는 중학생은 2351명이고, 초등학생은 중학생보다 639명 더 적습니다. 꿈 마을에 사는 초등학생은 몇 명인가요?

식 ______________________ 답 ______________

⑧ 영화를 오후에 보러 온 사람은 8927명이고, 오전에 보러 온 사람은 오후에 보러 온 사람보다 3938명 더 적었습니다. 영화를 오전에 보러 온 사람은 몇 명인가요?

식 ______________________ 답 ______________

1 일차

040 단계 네 자리 수의 덧셈, 뺄셈 종합

늘어나고 줄어드는 값 구하기

① 신발 가게에 신발이 2365켤레 있었는데 오늘 새로 들여온 신발이 257켤레입니다. 신발 가게에 있는 신발은 모두 몇 켤레인가요?

식 ______________________ 답 

② 내 SNS의 친구는 7860명입니다. 1년 동안 새로운 친구 1250명이 늘어났습니다. 내 SNS의 친구는 모두 몇 명인가요?

식 ______________________  ______________

③ 밭에 인삼 6635뿌리가 있었습니다. 오늘 968뿌리를 캤다면 밭에 남은 인삼은 몇 뿌리인가요?

식 ______________________

답 ______________

④ 대형 마트에 라면이 4500개 있었습니다. 오늘 1482개가 팔렸다면 대형 마트에 남아 있는 라면은 몇 개인가요?

식 ______________________ 답 

⑤ 어느 지역에 있는 비둘기는 4928마리입니다. 이 비둘기들이 낳은 알에서 새끼가 589마리 태어났다면 비둘기는 모두 몇 마리인가요?

식

⑥ 야구장 매표소에 3506명이 줄을 서 있습니다. 한 시간 동안 2745명이 새로 줄을 섰다면 매표소에 줄을 서 있는 사람은 모두 몇 명인가요?

식

⑦ 3520명까지 탈 수 있는 여객선이 있습니다. 지금까지 탄 사람이 2830명이라면 앞으로 더 탈 수 있는 사람은 몇 명인가요?

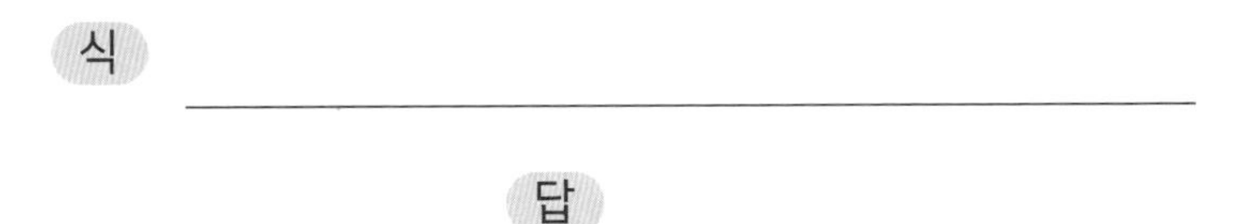

답

⑧ 길이가 9000 m인 성벽을 쌓고 있습니다. 지금까지 3750 m를 쌓았다면 앞으로 더 쌓아야 할 성벽의 길이는 몇 m인가요?

식

040 단계 네 자리 수의 덧셈, 뺄셈 종합

두 수의 합과 차 구하기

① 수목원에 소나무 758그루와 단풍나무 1864그루가 있습니다. 수목원에 있는 소나무와 단풍나무는 모두 몇 그루인가요?

식 ______________________ 답 ______________

② 이번 주에 인천에서 호주로 가는 비행기는 1748명이 이용했고, 미국으로 가는 비행기는 3509명이 이용했습니다. 이번 주에 인천에서 두 나라로 간 승객은 모두 몇 명인가요?

식 ______________________

답 ______________

③ 우리나라에서 하계 올림픽은 1988년, 월드컵은 2002년에 열렸습니다. 우리나라에서 하계 올림픽이 열리고 몇 년 후에 월드컵이 열렸나요?

식 ______________________ 답 ______________

④ 백두산의 높이는 2744 m이고, 에베레스트 산의 높이는 8848 m입니다. 두 산의 높이의 차는 몇 m인가요?

식 ______________________ 답 ______________

⑤ 경민이는 동생과 함께 어머니 생신 선물을 사기 위해 용돈을 모았습니다. 경민이는 6730원을, 동생은 5480원을 모았습니다. 경민이와 동생이 모은 돈은 모두 얼마인가요?

식 ______________________ 답 ______________

kg은 킬로그램이라고 읽습니다.

⑥ 진영이네 농장에서 지난주에 감자 1748 kg, 수박 4792 kg을 수확했습니다. 진영이네 농장에서 지난주에 수확한 감자와 수박은 모두 몇 kg인가요?

식 ______________________ 답 ______________

⑦ 학교 운동장의 가로의 길이는 9450 cm, 세로의 길이는 4085 cm입니다. 학교 운동장의 가로의 길이는 세로의 길이보다 몇 cm 더 긴가요?

식 ______________________ 답 ______________

⑧ 둘레길의 A코스는 2678 m, B코스는 5136 m라고 합니다. 둘레길의 어느 코스가 몇 m 더 먼가요?

식 ______________________

답 __________, __________

3 일차

040 단계 네 자리 수의 덧셈, 뺄셈 종합

더 많고 적은 것의 수 구하기

① 은수가 학교 운동장을 어제는 755 m 달렸고, 오늘은 어제보다 1247 m 더 많이 달렸습니다. 은수가 오늘 달린 거리는 몇 m인가요?

식

답 

② 놀이공원에 오전에 입장한 사람은 3678명이고, 오후에 입장한 사람은 오전보다 2283명이 더 많습니다. 놀이공원에 오후에 입장한 사람은 몇 명인가요?

식

 답

③ 시골 농장에서 무를 어제는 2057개 캤고, 오늘은 어제보다 578개 더 적게 캤습니다. 시골 농장에서 오늘 캔 무는 몇 개인가요?

식

답

④ 축구장에 입장한 사람 중에서 남자가 4123명이고, 여자는 남자보다 624명 더 적습니다. 축구장에 입장한 여자는 몇 명인가요?

식

답 

⑤ 미나는 6160원을 저금했고, 언니는 미나보다 970원을 더 많이 저금했습니다. 언니가 저금한 돈은 얼마인가요?

식 ______________________ 답 ______________

⑥ 백화점에 면바지가 8324벌, 청바지는 면바지보다 2936벌 더 많습니다. 백화점에 있는 청바지는 몇 벌인가요?

식 ______________________  ______________

⑦ 인형 공장에서 이번 달에 곰 인형은 4502개 만들었고, 강아지 인형은 곰 인형보다 1616개 더 적게 만들었습니다. 인형 공장에서 이번 달에 만든 강아지 인형은 몇 개인가요?

식 ______________________

답 ______________

⑧ 푸른 마을에 사는 사람은 6340명이고, 초록 마을에 사는 사람은 푸른 마을에 사는 사람보다 2577명 더 적습니다. 초록 마을에 사는 사람은 몇 명인가요?

식 ______________________ 답 ______________

종료테스트

15문항 | 표준완성시간 10~13분

① 크리스마스트리를 장식하기 위해 은색 리본 38개, 금색 리본 45개를 만들었습니다. 크리스마스트리를 장식할 은색 리본과 금색 리본은 모두 몇 개인가요?

식 ______________________ 답 ______________

② 주미가 가진 클립은 87개이고, 민기는 주미보다 32개 더 많이 가지고 있습니다. 민기가 가진 클립은 몇 개인가요?

식 ______________________ 답 ______________

③ 접시 위에 과자가 60개 있었습니다. 도윤이가 24개를 먹었다면 지금 접시 위에 남아 있는 과자는 몇 개인가요?

식 ______________________ 답 ______________

④ 윗몸 말아 올리기를 은우는 49번 했고, 은희는 56번 했습니다. 누가 윗몸 말아 올리기를 몇 번 더 적게 했나요?

식 ______________________ 답 _______, _______

⑤ 두리는 색종이를 몇 장 가지고 있었는데 친구에게 18장을 더 받아서 65장이 되었습니다. 친구에게 받은 색종이는 몇 장인가요?

식 ______________________ 답 ______________

⑥ 지현이는 한 묶음에 7장인 색종이를 6묶음 샀습니다. 지현이가 산 색종이는 모두 몇 장인가요?

식 ______________________ 답 ______________

⑦ 민호는 구슬 9개를 가지고 있습니다. 은규는 민호가 가지고 있는 구슬 수의 3배만큼 가지고 있습니다. 은규가 가지고 있는 구슬은 몇 개인가요?

식 ______________________ 답 ______________

⑧ 대호는 문제집을 매일 같은 쪽수로 4일 동안 풀었더니 푼 쪽수가 32쪽이 되었습니다. 하루에 문제집을 몇 쪽씩 풀었나요?

식 ______________________ 답 ______________

⑨ 유리병 안에 종이학 331개와 학알 478개가 들어 있습니다. 유리병 안에 있는 종이학과 학알은 모두 몇 개인가요?

식 ______________________ 답 ______________

⑩ 마을 회관에 540명이 모여 있습니다. 이 중에서 남자가 376명이라고 할 때, 여자는 몇 명인가요?

식 ______________________ 답 ______________

⑪ 물놀이 공원에 805명이 있었습니다. 그중 157명이 나가고 283명이 더 들어왔습니다. 지금 물놀이 공원에 있는 사람은 몇 명인가요?

식 ______________________ 답 ______________

⑫ 저금통에 6320원이 있었는데 오늘 480원을 더 저금하였습니다. 저금통에 있는 돈은 모두 얼마인가요?

식 ______________________ 답 ______________

⑬ 어제 콘서트를 본 관객은 7642명이고, 오늘 콘서트를 본 관객은 어제 본 관객보다 3587명이 더 많습니다. 오늘 콘서트를 본 관객은 몇 명인가요?

식 ______________________ 답 ______________

⑭ 학교 도서관에 책이 1240권 있습니다. 그중에서 학생들이 376권을 빌려갔다면 학교 도서관에 남은 책은 몇 권인가요?

식 ______________________ 답 ______________

⑮ 어떤 자동차 공장에서 자동차를 1월에 2679대, 2월에 4516대를 생산하였습니다. 2월에는 1월보다 자동차를 몇 대 더 많이 생산했나요?

식 ______________________ 답 ______________

평가 기준

평가	매우 잘함	잘함	좀 더 노력
오답 수	0~2	3~5	6 이상

오답 수가 6 이상일 때는
이 교재를 한번 더 공부하세요.

021단계 (두 자리 수)+(두 자리 수) ①

10~11쪽 1일차

	식	답
①	22+19=41	41권
②	75+33=108	108대
③	46+28=74	74개
④	67+91=158	158 cm
⑤	54+26=80	80마리
⑥	88+41=129	129통
⑦	17+35=52	52장
⑧	96+23=119	119명

12~13쪽 2일차

	식	답
①	27+15=42	42장
②	72+43=115	115개
③	35+28=63	63분
④	56+62=118	118번
⑤	81+66=147	147명
⑥	58+34=92	92개
⑦	13+49=62	62살
⑧	60+53=113	113그루

14~15쪽 3일차

	식	답
①	37+26=63	63마리
②	93+14=107	107개
③	29+35=64	64개
④	74+42=116	116쪽
⑤	47+39=86	86개
⑥	85+24=109	109명
⑦	92+36=128	128대
⑧	28+45=73	73장

지도 포인트

021단계에서는 일의 자리 또는 십의 자리에서 받아올림이 1번 있는 (두 자리 수)+(두 자리 수)에 관한 문장제 문제를 학습합니다. '모두 몇 개?', '~보다 ~개 더 많은 것의 수?'를 구할 때는 주어진 수들을 더하는 덧셈 문제임을 이해합니다.

022단계 (두 자리 수)+(두 자리 수) ②

16~17쪽 1일차

	식	답		식	답
①	85+26=111	111명	⑤	73+28=101	101권
②	78+54=132	132마리	⑥	84+36=120	120개
③	93+47=140	140개	⑦	48+19=67	67마리
④	16+38=54	54 cm	⑧	55+99=154	154 cm

18~19쪽 2일차

	식	답		식	답
①	84+67=151	151개	⑤	45+71=116	116마리
②	25+37=62	62마리	⑥	98+66=164	164쪽
③	75+39=114	114 m	⑦	64+47=111	111송이
④	58+96=154	154번	⑧	68+59=127	127개

20~21쪽 3일차

	식	답		식	답
①	86+27=113	113개	⑤	58+37=95	95 cm
②	95+51=146	146마리	⑥	72+66=138	138그루
③	67+39=106	106 cm	⑦	83+28=111	111쪽
④	46+54=100	100개	⑧	93+49=142	142명

지도 포인트

022단계에서는 일의 자리와 십의 자리에서 받아올림이 1번 또는 2번 있는 (두 자리 수)+(두 자리 수)에 관한 문장제 문제를 학습합니다. 문제 상황에 맞게 덧셈식으로 나타내고 다양한 덧셈 방법으로 해결하도록 합니다.

023단계 (두 자리 수)-(두 자리 수)

22~23쪽 1일차

	식	답		식	답
①	30-17=13	13마리	⑤	52-36=16	16개
②	61-23=38	38개	⑥	90-45=45	45개
③	43-26=17	17마리	⑦	74-18=56	56개
④	85-48=37	37장	⑧	67-29=38	38명

24~25쪽 2일차

	식	답		식	답
①	35-16=19	19자루	⑤	32-24=8	승호, 8문제
②	63-37=26	26송이	⑥	71-58=13	현우, 13번
③	42-29=13	13살	⑦	85-69=16	흰색, 16개
④	80-45=35	35개	⑧	96-47=49	두루미, 49살

26~27쪽 3일차

	식	답		식	답
①	74-35=39	39장	⑤	46-18=28	28 kg
②	52-28=24	24알	⑥	70-41=29	29개
③	91-19=72	72번	⑦	82-54=28	28마리
④	65-47=18	18명	⑧	64-26=38	38점

지도 포인트

023단계에서는 받아내림이 있는 (두 자리 수)-(두 자리 수)에 관한 문장제 문제를 학습합니다. '남은 것은 몇 개?', '~보다 몇 개 더 많은가(적은가)?', '~보다 ~개 더 적은 것의 수?'를 구할 때는 큰 수에서 작은 수를 빼는 뺄셈 문제임을 이해합니다.

024단계 (두 자리 수)±(두 자리 수)

28~29쪽 1일차

	식	답
①	27+54=81	81 cm
②	64+36=100	100개
③	41−32=9	9명
④	72−48=24	24개
⑤	73+42=115	115개
⑥	85+27=112	112개
⑦	55−29=26	26마리
⑧	90−53=37	37대

30~31쪽 2일차

	식	답
①	27+16=43	43마리
②	47+65=112	112봉지
③	71−36=35	35마리
④	92−83=9	9명
⑤	72+53=125	125개
⑥	68+37=105	105송이
⑦	52−36=16	검은색, 16개
⑧	73−66=7	할아버지, 7세

32~33쪽 3일차

	식	답
①	17+66=83	83 m
②	68+54=122	122개
③	96−18=78	78점
④	71−43=28	28개
⑤	25+35=60	60개
⑥	27+75=102	102 kg
⑦	84−56=28	28마리
⑧	65−28=37	37명

지도 포인트

024단계에서는 받아올림, 받아내림이 있는 (두 자리 수)±(두 자리 수)에 관한 문장제 문제를 복습합니다. 문장을 잘 읽고 이해한 후 적절하게 덧셈과 뺄셈을 활용하여 문제를 해결합니다.

025단계 덧셈과 뺄셈의 관계 ②

34~35쪽 1일차

① 식1 6+□=75 식2 □=75−6=69
답 69

② 식1 38+□=80 식2 □=80−38=42
답 42

③ 식1 □+23=61 식2 □=61−23=38
답 38

④ 식1 □+19=55 식2 □=55−19=36
답 36

⑤ 식 33+□=57 답 24송이

⑥ 식 28+□=62 답 34쪽

⑦ 식 □+45=91 답 46개

⑧ 식 □+17=43 답 26장

36~37쪽 2일차

① 식1 □−7=92 식2 □=92+7=99
답 99

② 식1 □−49=14 식2 □=14+49=63
답 63

③ 식1 □−28=63 식2 □=63+28=91
답 91

④ 식1 □−55=27 식2 □=27+55=82
답 82

⑤ 식 □−8=13 답 21개

⑥ 식 □−35=26 답 61마리

⑦ 식 □−23=57 답 80개

⑧ 식 □−56=19 답 75장

38~39쪽 3일차

① 식1 58−□=10 식2 □=58−10=48
답 48

② 식1 40−□=31 식2 □=40−31=9
답 9

③ 식1 72−□=29 식2 □=72−29=43
답 43

④ 식1 63−□=45 식2 □=63−45=18
답 18

⑤ 식 35−□=24 답 11마리

⑥ 식 53−□=18 답 35개

⑦ 식 40−□=25 답 15자루

⑧ 식 81−□=64 답 17개

지도 포인트

025단계에서는 '덧셈과 뺄셈의 관계'를 이용하여 해결해야 하는 문장제 문제를 학습합니다.
어떤 수를 □로 하는 덧셈식 또는 뺄셈식(식1)을 만들고, 덧셈과 뺄셈의 관계(식2)를 활용하여 문제를 해결합니다.

026단계 같은 수를 여러 번 더하기

40~41쪽 1일차

① 3+3+3=9 / 3, 9
② 4+4+4+4+4=20 / 5, 20
③ 6+6+6+6=24 / 4, 24
④ 식 2+2+2=6 답 6통
⑤ 식 7+7=14 답 14장
⑥ 식 5+5+5+5+5+5+5=35 답 35권
⑦ 식 9+9+9=27 답 27개
⑧ 식 8+8+8+8=32 답 32개

42~43쪽 2일차

① 4, 8 / 4, 8
② 5, 25 / 5, 25
③ 3, 27 / 3, 27
④ 식 3+3+3+3+3=15 답 15마리
⑤ 식 7+7+7+7=28 답 28개
⑥ 식 8+8+8=24 답 24대
⑦ 식 6+6+6+6+6+6+6=42 답 42마리
⑧ 식 4+4+4+4+4+4=24 답 24개

44~45쪽 3일차

① 3, 3 / 3, 24
② 5, 5 / 5, 20
③ 4, 4 / 4, 28
④ 식 6×5=30 답 30개
⑤ 식 2×7=14 답 14자루
⑥ 식 9×4=36 답 36개
⑦ 식 3×9=27 답 27권
⑧ 식 5×8=40 답 40개

지도 포인트

026단계에서는 같은 수를 여러 번 더하는 것을 곱셈식으로 나타내어 곱셈 개념을 익히는 문장제 문제를 학습합니다. '몇씩 몇 묶음'과 '몇의 몇 배'를 덧셈식과 곱셈식으로 나타내어 곱셈 개념을 이해합니다.

027단계 2, 5, 3, 4의 단 곱셈구구

46~47쪽 1일차

① 식 2×5=10 답 10

② 식 5×7=35 답 35

③ 식 3×8=24 답 24송이

④ 식 4×6=24 답 24장

⑤ 식 3×6=18 답 18개

⑥ 식 5×4=20 답 20장

⑦ 식 2×9=18 답 18개

⑧ 식 4×7=28 답 28개

48~49쪽 2일차

① 식 4×7=28 답 28 kg

② 식 2×8=16 답 16개

③ 식 5×6=30 답 30개

④ 식 3×4=12 답 12개

⑤ 식 2×9=18 답 18개

⑥ 식 3×6=18 답 18명

⑦ 식 4×5=20 답 20자루

⑧ 식 5×8=40 답 40명

50~51쪽 3일차

① 식 4×5=20 답 20

② 식 3×7=21 답 21

③ 식 2×6=12 답 12개

④ 식 5×3=15 답 15개

⑤ 식 2×7=14 답 14개

⑥ 식 4×4=16 답 16대

⑦ 식 5×6=30 답 30개

⑧ 식 3×4=12 답 12개

지도 포인트

027단계에서는 2~5의 단 곱셈구구에 관한 문장제 문제를 학습합니다. '몇씩 몇 묶음'과 '몇의 몇 배'를 이해하고 곱셈식으로 나타내어 실생활의 문제를 해결합니다.

028단계 6, 7, 8, 9의 단 곱셈구구

52~53쪽 1일차

① 식 6×5=30 답 30
② 식 7×6=42 답 42
③ 식 8×3=24 답 24개
④ 식 9×4=36 답 36캔
⑤ 식 8×5=40 답 40개
⑥ 식 6×3=18 답 18개
⑦ 식 9×6=54 답 54개
⑧ 식 7×4=28 답 28장

54~55쪽 2일차

① 식 7×3=21 답 21일
② 식 9×4=36 답 36명
③ 식 8×5=40 답 40개
④ 식 6×7=42 답 42개
⑤ 식 6×5=30 답 30개
⑥ 식 9×8=72 답 72개
⑦ 식 7×9=63 답 63마리
⑧ 식 8×7=56 답 56문제

56~57쪽 3일차

① 식 7×7=49 답 49
② 식 9×7=63 답 63
③ 식 6×6=36 답 36마리
④ 식 8×6=48 답 48개
⑤ 식 9×5=45 답 45살
⑥ 식 6×8=48 답 48개
⑦ 식 8×4=32 답 32개
⑧ 식 7×3=21 답 21개

지도 포인트

027단계에서는 6~9의 단 곱셈구구에 관한 문장제 문제를 학습합니다. '몇씩 몇 묶음'과 '몇의 몇 배'를 이해하고 곱셈식으로 나타내어 실생활의 문제를 해결합니다.

029단계 곱셈구구 종합 ①

58~59쪽 1일차

① 식 1×7=7 답 7마리
② 식 2×8=16 답 16권
③ 식 6×5=30 답 30장
④ 식 5×7=35 답 35명
⑤ 식 8×9=72 답 72개
⑥ 식 4×6=24 답 24마리
⑦ 식 9×4=36 답 36권
⑧ 식 3×8=24 답 24명

60~61쪽 2일차

① 식 5×8=40 답 40장
② 식 2×5=10 답 10개
③ 식 9×6=54 답 54명
④ 식 4×7=28 답 28개
⑤ 식 8×4=32 답 32조각
⑥ 식 3×7=21 답 21분
⑦ 식 6×9=54 답 54개
⑧ 식 7×8=56 답 56 cm

62~63쪽 3일차

① 식 5×7=35 답 35대
② 식 2×5=10 답 10개
③ 식 1×4=4 답 4개
④ 식 7×6=42 답 42살
⑤ 식 9×2=18 답 18장
⑥ 식 3×4=12 답 12개
⑦ 식 8×3=24 답 24상자
⑧ 식 6×5=30 답 30쪽

지도 포인트

029단계에서는 2~9의 단 곱셈구구에 관한 문장제 문제를 학습합니다. 문장을 잘 읽고 이해한 후 알맞은 곱셈식을 세워 문제를 해결합니다. 1×(어떤 수), (어떤 수)×1은 (어떤 수)가 된다는 것을 이해합니다.

030단계 곱셈구구 종합 ②

64~65쪽 1일차

① 7, 7		⑤ 식 7×□=35	답 5
② 6, 6		⑥ 식 4×□=28	답 7
③ 9, 9		⑦ 식 □×5=40	답 8
④ 6, 6		⑧ 식 □×9=27	답 3

66~67쪽 2일차

① 식 6×□=42	답 7명	⑤ 식 5×□=35	답 7상자
② 식 2×□=12	답 6일	⑥ 식 8×□=64	답 8봉지
③ 식 4×□=28	답 7마리	⑦ 식 7×□=63	답 9줄
④ 식 3×□=24	답 8대	⑧ 식 9×□=45	답 5번

68~69쪽 3일차

① 식 □×2=18	답 9명	⑤ 식 □×8=48	답 6개
② 식 □×9=36	답 4개	⑥ 식 □×9=63	답 7쪽
③ 식 □×6=30	답 5개	⑦ 식 □×8=24	답 3개
④ 식 □×7=56	답 8송이	⑧ 식 □×7=35	답 5장

지도 포인트

030단계에서는 곱셈구구를 이용하여 어떤 수(□)를 구하는 문장제 문제를 학습합니다. 어떤 수를 □로 하는 곱셈식을 세우고, 곱셈구구를 이용하여 □를 구하도록 합니다.
또한 두 수를 바꾸어 곱해도 계산 결과가 같다는 것을 이용하여 □를 구하도록 합니다.

031단계 (세 자리 수)+(세 자리 수) ①

70~71쪽 1일차

번호	식	답	번호	식	답
①	730+150=880	880원	⑤	417+120=537	537장
②	824+244=1068	1068권	⑥	922+207=1129	1129병
③	337+156=493	493마리	⑦	352+375=727	727대
④	275+480=755	755개	⑧	273+118=391	391명

72~73쪽 2일차

번호	식	답	번호	식	답
①	284+107=391	391명	⑤	465+328=793	793개
②	123+265=388	388마리	⑥	232+154=386	386마리
③	447+380=827	827개	⑦	651+517=1168	1168명
④	740+518=1258	1258 kg	⑧	346+562=908	908개

74~75쪽 3일차

번호	식	답	번호	식	답
①	129+267=396	396마리	⑤	431+126=557	557명
②	925+134=1059	1059명	⑥	373+255=628	628장
③	410+295=705	705그루	⑦	822+307=1129	1129개
④	342+117=459	459번	⑧	268+216=484	484벌

지도 포인트

031단계에서는 받아올림이 없거나 받아올림이 1번 있는 (세 자리 수)+(세 자리 수)에 관한 문장제 문제를 학습합니다. '모두 몇 개?', '~보다 ~개 더 많은 것의 수?'를 구할 때는 주어진 수들을 더하는 덧셈 문제임을 이해합니다.

032단계 (세 자리 수)+(세 자리 수) ②

76~77쪽 1일차

① 식 135+186=321 답 321 cm

② 식 805+239=1044 답 1044장

③ 식 936+182=1118 답 1118마리

④ 식 739+284=1023 답 1023개

⑤ 식 257+154=411 답 411개

⑥ 식 173+129=302 답 302쪽

⑦ 식 263+437=700 답 700개

⑧ 식 684+368=1052 답 1052명

78~79쪽 2일차

① 식 940+890=1830 답 1830원

② 식 756+647=1403 답 1403명

③ 식 385+268=653 답 653마리

④ 식 483+637=1120 답 1120명

⑤ 식 386+346=732 답 732 cm

⑥ 식 850+494=1344 답 1344권

⑦ 식 438+776=1214 답 1214개

⑧ 식 615+568=1183 답 1183 m

80~81쪽 3일차

① 식 155+198=353 답 353쪽

② 식 920+290=1210 답 1210원

③ 식 727+314=1041 답 1041송이

④ 식 388+123=511 답 511마리

⑤ 식 289+174=463 답 463그루

⑥ 식 876+319=1195 답 1195개

⑦ 식 450+578=1028 답 1028송이

⑧ 식 758+457=1215 답 1215점

지도 포인트

032단계에서는 받아올림이 2번, 3번 있는 (세 자리 수)+(세 자리 수)에 관한 문장제 문제를 학습합니다. 실제 생활 속에서 세 자리 수의 덧셈이 이루어지거나 필요한 상황을 생각해 보고 문제를 이해하도록 합니다.

033단계 (세 자리 수)-(세 자리 수) ①

82~83쪽 1일차

	식	답		식	답
①	769-237=532	532권	⑤	798-396=402	402마리
②	352-136=216	216대	⑥	770-140=630	630마리
③	950-760=190	190원	⑦	550-235=315	315 mL
④	890-579=311	311장	⑧	807-217=590	590개

84~85쪽 2일차

	식	답		식	답
①	280-225=55	55 mm	⑤	225-135=90	90명
②	196-173=23	23명	⑥	509-384=125	125마리
③	720-350=370	370원	⑦	485-276=209	현준, 209개
④	829-374=455	455켤레	⑧	863-351=512	슈퍼, 512 m

86~87쪽 3일차

	식	답		식	답
①	275-180=95	95 kg	⑤	697-136=561	561번
②	840-230=610	610원	⑥	715-209=506	506마리
③	468-159=309	309개	⑦	856-384=472	472명
④	956-372=584	584 cm	⑧	548-227=321	321개

지도 포인트

033단계에서는 받아내림이 없거나 1번 있는 (세 자리 수)-(세 자리 수)에 관한 문장제 문제를 학습합니다. '남은 것은 몇 개?', '~보다 몇 개 더 많은가(적은가)?', '~보다 ~개 더 적은 것의 수?'를 구할 때는 큰 수에서 작은 수를 빼는 뺄셈 문제임을 이해합니다.

034단계 (세 자리 수)-(세 자리 수) ②

88~89쪽 1일차

번호	식	답
①	720-485=235	235개
②	823-687=136	136명
③	500-246=254	254마리
④	610-329=281	281명
⑤	306-158=148	148마리
⑥	934-599=335	335명
⑦	800-472=328	328 cm
⑧	563-276=287	287마리

90~91쪽 2일차

번호	식	답
①	520-235=285	285 cm
②	900-495=405	405 mL
③	824-379=445	445자루
④	603-567=36	36명
⑤	632-555=77	77 m
⑥	325-199=126	126대
⑦	910-745=165	민수, 165원
⑧	543-276=267	해외, 267개

92~93쪽 3일차

번호	식	답
①	400-115=285	285개
②	507-238=269	269개
③	261-173=88	88마리
④	722-346=376	376개
⑤	876-298=578	578명
⑥	930-342=588	588개
⑦	711-239=472	472송이
⑧	353-167=186	186줄

지도 포인트

034단계에서는 받아내림이 2번 있는 (세 자리 수)-(세 자리 수)와 (몇백)-(세 자리 수)에 관한 문장제 문제를 학습합니다. 실제 생활 속에서 세 자리 수의 뺄셈이 이루어지거나 필요한 상황을 생각해 보고 문제를 이해하도록 합니다.

035단계 (세 자리 수)±(세 자리 수)

94~95쪽 1일차

	식	답
①	160+350=510	510 km
②	354+186=540	540명
③	503−478=25	25개
④	872−156=716	716명
⑤	457+255=712	712줄
⑥	948+362=1310	1310권
⑦	600−295=305	305명
⑧	754−484=270	270 cm

96~97쪽 2일차

	식	답
①	540+620=1160	1160점
②	479+866=1345	1345마리
③	183−154=29	29 cm
④	712−645=67	새싹, 67명
⑤	339+752=1091	1091명
⑥	657+285=942	942 g
⑦	510−223=287	287 km
⑧	831−497=334	버스 정류장, 334 m

98~99쪽 3일차

	식	답
①	470+245=715	715장
②	291+109=400	400개
③	527−169=358	358대
④	745−256=489	489 cm
⑤	974+138=1112	1112원
⑥	832+291=1123	1123개
⑦	314−105=209	209번
⑧	480−195=285	285 g

지도 포인트

035단계에서는 받아올림, 받아내림이 있는 (세 자리 수)±(세 자리 수)에 관한 문장제 문제를 복습합니다. 문장을 잘 읽고 이해한 후 적절하게 덧셈과 뺄셈을 활용하여 문제를 해결합니다.

036단계 세 자리 수의 덧셈, 뺄셈 종합

100~101쪽 1일차

① 식 564+36=600 답 600명

② 식 642+129=771 답 771명

③ 식 830−675=155 답 155 m

④ 식 487−294=193 답 193장

⑤ 식 795+234=1029 답 1029권

⑥ 식 958+163=1121 답 1121마리

⑦ 식 351−192=159 답 159개

⑧ 식 600−353=247 답 247개

102~103쪽 2일차

① 식 88+426=514 답 514마리

② 식 175+175=350 답 350개

③ 식 432−150=282 답 282칼로리

④ 식 300−136=164 답 빨간색, 164 cm

⑤ 식 345+780=1125 답 1125 g

⑥ 식 693+578=1271 답 1271개

⑦ 식 710−125=585 답 585명

⑧ 식 814−667=147 답 제호, 147표

104~105쪽 3일차

① 식 128+38=166 답 166 cm

② 식 478+515=993 답 993명

③ 식 253−95=158 답 158명

④ 식 500−235=265 답 265개

⑤ 식 316+158=474 답 474개

⑥ 식 853+268=1121 답 1121개

⑦ 식 782−113=669 답 669명

⑧ 식 634−357=277 답 277개

지도 포인트

036단계에서는 받아올림, 받아내림이 있는 세 자리 수의 덧셈, 뺄셈에 관한 문장제 문제를 복습합니다.
문제를 잘 읽고 이해하여 알맞은 식을 세우고 문제를 해결합니다.

037단계 세 수의 덧셈과 뺄셈 ③

106~107쪽 1일차

① 식 180+163+148=491 답 491 cm

② 식 240+240+240=720 답 720 m

③ 식 590+90+180=860 답 860원

④ 식 403+125+88=616 답 616개

⑤ 식 500+150+150=800 답 800원

⑥ 식 85+206+435=726 답 726송이

⑦ 식 122+37+275=434 답 434마리

⑧ 식 478+190+314=982 답 982 m

108~109쪽 2일차

① 식 478−105−162=211 답 211 cm

② 식 500−86−213=201 답 201대

③ 식 350−75−97=178 답 178개

④ 식 545−87−108=350 답 350그루

⑤ 식 230−85−63=82 답 82개

⑥ 식 960−532−204=224 답 224 kg

⑦ 식 600−273−184=143 답 143명

⑧ 식 485−72−135=278 답 278개

110~111쪽 3일차

① 식 400+520−812=108 답 108개

② 식 85+115−90=110 답 110개

③ 식 353+327−211=469 답 469명

④ 식 132+224−317=39 답 39 cm

⑤ 식 830−359+68=539 답 539벌

⑥ 식 249−36+318=531 답 531개

⑦ 식 468−82+79=465 답 465마리

⑧ 식 625−158+380=847 답 847 m

지도 포인트

037단계에서는 세 수의 덧셈, 세 수의 뺄셈, 세 수의 덧셈과 뺄셈에 관한 문장제 문제를 학습합니다. ‘모두 몇 개?’의 문제는 덧셈을, ‘남은 것은 몇 개?’의 문제는 뺄셈을 활용하여 문제를 해결합니다.

038단계 (네 자리 수)+(세 자리 수·네 자리 수)

112~113쪽 1일차

① 식 1800+350=2150 답 2150점
② 식 5425+1325=6750 답 6750대
③ 식 692+2750=3442 답 3442개
④ 식 8320+4580=12900 답 12900원
⑤ 식 5235+863=6098 답 6098권
⑥ 식 6850+1250=8100 답 8100석
⑦ 식 1583+4576=6159 답 6159상자
⑧ 식 3870+2340=6210 답 6210개

114~115쪽 2일차

① 식 1673+736=2409 답 2409개
② 식 4560+2870=7430 답 7430원
③ 식 5709+3623=9332 답 9332명
④ 식 6254+3087=9341 답 9341그루
⑤ 식 858+1794=2652 답 2652 m
⑥ 식 1439+1627=3066 답 3066개
⑦ 식 3255+3598=6853 답 6853명
⑧ 식 5867+4259=10126 답 10126명

116~117쪽 3일차

① 식 1234+287=1521 답 1521 m
② 식 2249+5288=7537 답 7537명
③ 식 3395+873=4268 답 4268 cm
④ 식 5642+9764=15406 답 15406명
⑤ 식 1950+2798=4748 답 4748마리
⑥ 식 4769+526=5295 답 5295상자
⑦ 식 8680+2350=11030 답 11030원
⑧ 식 3019+394=3413 답 3413걸음

지도 포인트

038단계에서는 받아올림이 있는 (네 자리 수)+(세 자리 수·네 자리 수)에 관한 문장제 문제를 학습합니다. 자릿수가 커져서 알맞은 식을 잘 세워 놓고도 계산에서 실수하지 않도록 주의합니다.

039단계 (네 자리 수)-(세 자리 수·네 자리 수)

118~119쪽 1일차

① 식 5000−1590=3410 답 3410장

② 식 2714−567=2147 답 2147 cm

③ 식 8350−770=7580 답 7580원

④ 식 6053−2458=3595 답 3595개

⑤ 식 4500−876=3624 답 3624개

⑥ 식 7000−4128=2872 답 2872석

⑦ 식 1433−654=779 답 779대

⑧ 식 8848−3049=5799 답 5799 m

120~121쪽 2일차

① 식 2016−1983=33 답 33년

② 식 3104−217=2887 답 2887 kg

③ 식 1230−976=254 답 254개

④ 식 5263−2394=2869 답 2869마리

⑤ 식 1029−917=112 답 112 cm

⑥ 식 5237−3560=1677 답 1677권

⑦ 식 2000−1480=520 답 미주, 520장

⑧ 식 4532−2658=1874 답 주스, 1874병

122~123쪽 3일차

① 식 4510−570=3940 답 3940원

② 식 3756−1259=2497 답 2497벌

③ 식 2856−963=1893 답 1893마리

④ 식 5361−2477=2884 답 2884개

⑤ 식 1422−396=1026 답 1026개

⑥ 식 7845−2297=5548 답 5548 kg

⑦ 식 2351−639=1712 답 1712명

⑧ 식 8927−3938=4989 답 4989명

지도 포인트

039단계에서는 받아내림이 있는 (네 자리 수)-(세 자리 수·네 자리 수)에 관한 문장제 문제를 학습합니다. 자릿수가 커져서 알맞은 식을 잘 세워 놓고도 계산에서 실수하지 않도록 주의합니다.

040단계 네 자리 수의 덧셈, 뺄셈 종합

124~125쪽 1일차

① 식 2365+257=2622 답 2622켤레
② 식 7860+1250=9110 답 9110명
③ 식 6635−968=5667 답 5667뿌리
④ 식 4500−1482=3018 답 3018개
⑤ 식 4928+589=5517 답 5517마리
⑥ 식 3506+2745=6251 답 6251명
⑦ 식 3520−2830=690 답 690명
⑧ 식 9000−3750=5250 답 5250 m

126~127쪽 2일차

① 식 758+1864=2622 답 2622그루
② 식 1748+3509=5257 답 5257명
③ 식 2002−1988=14 답 14년 후
④ 식 8848−2744=6104 답 6104 m
⑤ 식 6730+5480=12210 답 12210원
⑥ 식 1748+4792=6540 답 6540 kg
⑦ 식 9450−4085=5365 답 5365 cm
⑧ 식 5136−2678=2458 답 B코스, 2458 m

128~129쪽 3일차

① 식 755+1247=2002 답 2002 m
② 식 3678+2283=5961 답 5961명
③ 식 2057−578=1479 답 1479개
④ 식 4123−624=3499 답 3499명
⑤ 식 6160+970=7130 답 7130원
⑥ 식 8324+2936=11260 답 11260벌
⑦ 식 4502−1616=2886 답 2886개
⑧ 식 6340−2577=3763 답 3763명

130~132쪽 종료테스트

① 식 38+45=83 답 83개
② 식 87+32=119 답 119개
③ 식 60−24=36 답 36개
④ 식 56−49=7 답 은우, 7번
⑤ 식 □+18=65 답 47장
⑥ 식 7×6=42 답 42장
⑦ 식 9×3=27 답 27개
⑧ 식 □×4=32 답 8쪽
⑨ 식 331+478=809 답 809개
⑩ 식 540−376=164 답 164명
⑪ 식 805−157+283=931 답 931명
⑫ 식 6320+480=6800 답 6800원
⑬ 식 7642+3587=11229 답 11229명
⑭ 식 1240−376=864 답 864권
⑮ 식 4516−2679=1837 답 1837대